БИБЛИОТЕКА АВАНТЫ+

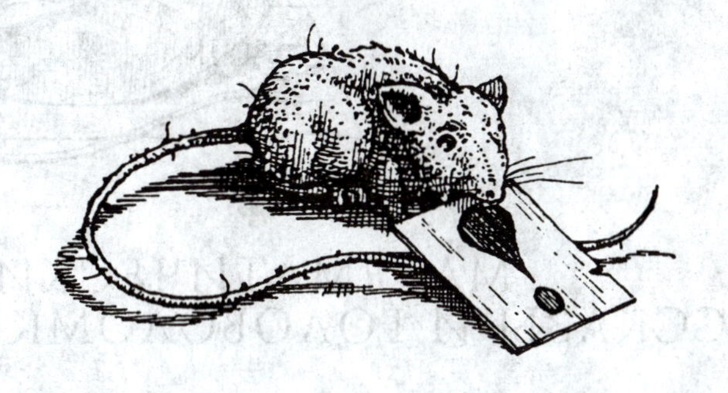

МАТЕМАТИЧЕСКИЕ РАССКАЗЫ И ГОЛОВОЛОМКИ

Я.И. ПЕРЕЛЬМАН

ЖИВАЯ МАТЕМАТИКА

МИР ЭНЦИКЛОПЕДИЙ АВАНТА+
АСТРЕЛЬ
МОСКВА

УДК 51
ББК 22.1я92
П27

Ответственный редактор М. Тонконогова
Художник А. Бондаренко
Макет и оформление П. Бая
Корректор Н. Мистрюкова
Технический редактор Н. Герасимова
Изготовление оригинал-макета Л. Быкова

БИБЛИОТЕКА АВАНТЫ+

Перельман, Я. И.

П27 Живая математика. Математические рассказы и головоломки / Я. И. Перельман. — М.: Мир энциклопедий Аванта+, Астрель, 2008. — 271, [1] с.: ил. — («Библиотека Аванты+»).
ISBN 978-5-98986-123-1 («Мир энциклопедий Аванта+»)
ISBN 978-5-271-17963-1 («Издательство Астрель»)

Новую серию издательства «Мир энциклопедий Аванта+» открывает самая известная книга основоположника жанра «Занимательная наука» Якова Исидоровича Перельмана. В ней собраны увлекательные рассказы-задачи на математические темы, головоломки, а также авторские задачи замечательного ученого.

УДК 51
ББК 22.1я92

Научно-популярное издание

Яков Исидорович Перельман

ЖИВАЯ МАТЕМАТИКА
Математические рассказы и головоломки

Санитарно-эпидемиологическое заключение № 77.99.60.953.Д.007027.06.07 от 10.06.2007 г.

Общероссийский классификатор продукции
ОК-005-93, том 2; 953004 — литература научная и производственная

Подписано в печать с готовых диапозитивов заказчика 24.03.2008.
Формат 60х90/16. Гарнитура «Лазурский». Бумага офсетная.
Печать офсетная. Усл. печ. л. 17,00. Тираж 7000 экз. доп. Заказ 1374.

ООО «Мир энциклопедий Аванта+». 109004, Москва, Б. Факельный переулок, д. 3, стр. 2

ООО «Издательство Астрель». 129085, Москва, проезд Ольминского, д. 3а.

Адрес фирменного магазина: Москва, ул. 1905 г., д. 8
Магазин работает с 10.00 до 20.00 без выходных
Адрес в Интернете: www.avanta.ru

Издание подготовлено при поддержке
ООО «Издательство АСТ»

Издано при участии ООО «Харвест». Лицензия № 02330/0150205 от 30.04.2004.
Республика Беларусь, 220013, Минск, ул. Кульман, д. 1, корп. 3, эт. 4, к. 42.
E-mail редакции: harvest@anitex.by

ОАО «Полиграфкомбинат им. Я. Коласа».
ЛП № 02330/0056617 от 27.03.2004.
Республика Беларусь, 220600, Минск, ул. Красная, 23.

ISBN 978-5-98986-123-1 («Мир энциклопедий Аванта+»)
ISBN 978-5-271-17963-1 («Издательство Астрель»)
ISBN 978-985-16-4978-1 (ООО «Харвест»)

ЧТО ТАКОЕ «ЗАНИМАТЕЛЬНАЯ НАУКА»

Предлагаемая вашему вниманию книга «Живая математика. Математические рассказы и головоломки» замечательного отечественного популяризатора науки Якова Исидоровича Перельмана открывает серию «Библиотека Аванты+».

Мы твердо верим в то, что со временем выпуски серии прочно займут свое место на книжных полках школьных библиотек, а также библиотек педагогических училищ, институтов и в личных собраниях поклонников занимательной науки. И тогда глазам любителей этого жанра откроется удивительная панорама. Здесь будут представлены как хорошо известные, так и основательно, хотя и незаслуженно, забытые и даже совсем неизвестные, но замечательные произведения авторов, живших в различные исторические эпохи в разных странах. Составители приложат все усилия к тому, чтобы в выпускаемой серии занимательная наука была представлена во всем своем жанровом богатстве и разнообразии. Этим серия поддержит, разовьет и продолжит традиции отечественной популяризации науки. Традиции эти насчитывают не одну сотню лет, а наиболее пышного развития они достигли на стыке XIX и XX столетий.

Долгое время занимательную науку было принято считать развлекательной, увеселительной, даже пустой забавой для невзыскательных любителей «умственной гимнастики». Такое толкование эпитета «занимательная» давно устарело. Оно неполно и способно создать превратное представление об основных принципах и специфических приемах занимательной науки, ее месте и роли в современной научно-популярной литературе, системе образования и культуры в целом. Современная интерпретация занимательной науки восходит к Я. И. Перельману и, не отрицая игрового начала, акцентирует основное внимание на занимательном как на синониме интересного и способного привлечь внимание.

Грань, отделяющая серьезную науку от занимательной, зыбка и подвижна. Если отбросить отпугивающую сложную внешнюю сторону современной науки, то станет ясно, что она вся занимательна, то есть интересна и захватывающе увлекательна. Не поэтому ли даже идеи писателей-фантастов нередко бледнеют перед дерзким воображением ученых? Единственно, что отличает серьезную науку от занимательной, — это строгое изложение полученных результатов, не терпящее игрового элемента. Но и только!

В то время как развлекательную науку от современной серьезной науки отделяет интервал в несколько веков и даже тысячелетий, занимательная наука в «перельмановском» смысле (ставшем ныне общепринятым) нередко имеет с серьезной наукой общий предмет исследований. А иногда даже она сама служит поставщиком новых идей и задач для серьезной науки. Например, непериодические мозаики Пенроуза, удивительным образом заполняющие без пробелов и наложений всю плоскость, были опубликованы одним из мэтров занимательной науки Мартином Гарднером еще до того, как кристаллографы усмотрели в них разгадку строения нового класса твердых тел, получившего название квазикристаллов. Далее, игра «Жизнь» Джона Хортона Конуэя стала дискретной моделью самоорганизующихся структур, а также «досталась по наследству» теории клеточных автоматов от занимательной математики (где она привлекла всеобщее внимание после публикации все того же Мартина Гарднера).

Верно и обратное. Последние достижения и результаты современной науки становятся достоянием науки занимательной. Так, один из наиболее важных результатов математической логики XX века — знаменитая теорема Курта Гёделя о неполноте (во всякой аксиоматической системе, содержащей арифметику, найдется утверждение, которое в рамках этой системы невозможно ни доказать, ни опровергнуть) — была изложена в игровом ключе вместе с доказательством в книге замечательного мастера занимательного жанра Реймонда Смаллиана под несколько элегическим названием «Навсегда неразрешимое»...

Именно занимательная наука призвана выполнять весьма важную роль в борьбе с воинствующим невежеством, нередко прикрывающим себя видимостью осведомленности. Не ставя перед собой задачу популяризации всей науки, занимательная наука, как правило, сосредоточивает свое внимание на самом трудном — на элементарных разделах науки и, вольно или невольно, восполняет пробелы школьного образования. По признанию многих известных физиков, чтение «Занимательной физики» Я. И. Перельмана дало для их научного развития даже больше, чем прилежное штудирование школьного учебника.

Еще одна важная особенность занимательной науки состоит в том, что она побуждает к работе мысли. Насыщенная задачами, головоломками, вопросами и проблемами, она вовлекает читателя в активное сотрудничество с автором, будит любознательность и поощряет его к первым самостоятельным открытиям.

Какими же приемами достигает занимательная наука своих целей? Дать исчерпывающий их перечень едва ли представляется возможным, хотя бы потому, что каждый, кто работает в области занимательной науки, прибегает к своим излюбленным методам. В статье[1] «Что такое занимательная наука?» Я. И. Перельман приводит некоторые из тех приемов, которые он использовал в серии своих книг по занимательной физике, математике, механике и астрономии. Многие из этих приемов читатель обнаружит при чтении «Живой математики».

1. Положения науки иллюстрируются событиями современности: закон Архимеда поясняется на примере подъема «Садко» экспедицией ЭПРОНа; распространение звука в воздухе — на примере объявления мобилизации в Абиссинии с помощью звукового телеграфа; ослабление притяжения предметов по мере удаления от притягивающего центра — расчетом потери веса самолета на значительной высоте и т. п.

2. Привлекаются примеры из мира техники: применение эха в мореплавании, проект профессора Михельсона использования солнечного тепла для отопления Москвы и т. п.

3. Используются — зачастую неожиданным образом — страницы художественной литературы; набор задач на максимум оживляется расчетами над материалом рассказа Л. Н. Толстого «Много ли человеку земли нужно»; даже шуточные рассказы А. П. Чехова («Репетитор», «Письмо к ученому соседу»), Марка Твена, Д. К. Джерома могут быть привлечены при изложении вопросов математики или физики.

4. Для той же цели пригодны иногда легенды и сказания: былина о Святогоре, предание об изобретении шахматной игры, о гробе Магомета, об Архимеде и т. п.

---

[1] Статья эта сохранилась в Петербургском отделении архива Российской академии наук и впоследствии была опубликована Г. И. Мишкевичем.

5. Обостряют интерес к предмету фантастические опыты: описание мира, из которого устранена тяжесть или трение; последствия внезапной остановки вращения Земли, изменения наклона ее оси и т. п.
6. Используются кажущиеся нелепости (горячий лед; море, в котором нельзя утонуть; поимка летящей пули рукой) и озадачивающие вопросы: почему Луна не падает на Землю? Почему снег белый?
7. Разбираются распространенные предрассудки, например, о том, что затонувшие корабли не доходят до дна океана, что облака состоят из пузырьков пара, что портреты могут следить за зрителем и т. п.
8. Делаются неожиданные сопоставления: учение о подобии связывается с расценкой куриных яиц, логарифмы — с музыкой и т. п.
9. Рассматриваются вопросы обиходной жизни: пользование льдом для охлаждения, пение самовара, различение вареного яйца от сырого и т. п.
10. Используются математические фокусы, подвижные игры (крокет), настольные игры (домино) и другие развлечения.
11. Указываются примеры использования науки на сцене, на эстраде, в цирке, в кино; акустические особенности театрального зала, суфлерской будки, стереокино, фокусы, аттракционы.
12. Привлекаются примеры из области спорта: затяжные прыжки с парашютом, сопротивление воздуха при беге, свойства теннисного мяча, состязания на дальность бросания и т. п.
13. Делаются экскурсии в область истории науки.

Завершается статья Я. И. Перельмана так:

« — Но к чему все эти ухищрения? — возразят, пожалуй, иные читатели. — Разве сама наука не увлекательна, что нужно искусственно поддерживать к ней интерес?

Спору нет, наука бесконечно интересна, но для кого? Для того, кто в нее углубился, кто овладел ее методами, а не для того, кто стоит лишь в ее преддверии. Популяризатор не может возлагать надежду на увлекательность самого предмета и освободить себя от забот о поддержании внимания читателя или слушателя. Он должен неустанно наблюдать за тем, следуют ли за ним читатели или готовы его покинуть. Если он не овладел вниманием читателя, все его усилия пропадут даром, как бы увлекательна ни была сама по себе излагаемая им тема. ...Значит ли это, что надо превращать обучение в род забавы? Нет, и занимательная наука ни в какой мере не повинна в этом грехе. Роль развлекательного элемента в ней как раз обратная: не науку превращать в забаву, а, напротив, забаву ставить на службу обучению. К тому же, раскрывая неожиданные стороны в как будто знакомых предметах, метод занимательной науки углубляет понимание и повышает наблюдательность. Все это далеко от превращения науки в развлечение!»

На вопрос, кто же является родоначальником занимательного жанра, Я. И. Перельман отвечает без колебаний: Жюль Верн — и ссылается на «Путешествие к центру Земли» как на первое произведение этого жанра. Отдавая дань величайшего уважения Жюлю Верну — популяризатору науки и создателю жанра научно-фантастической литературы, мы все же позволим себе не согласиться с Я. И. Перельманом. И высказать свое мнение: истинный творец жанра «Занимательная наука» в его современном понимании — Яков Исидорович Перельман.

Попробуйте с этим не согласиться!

Ю. Данилов

ЖИВАЯ МАТЕМАТИКА

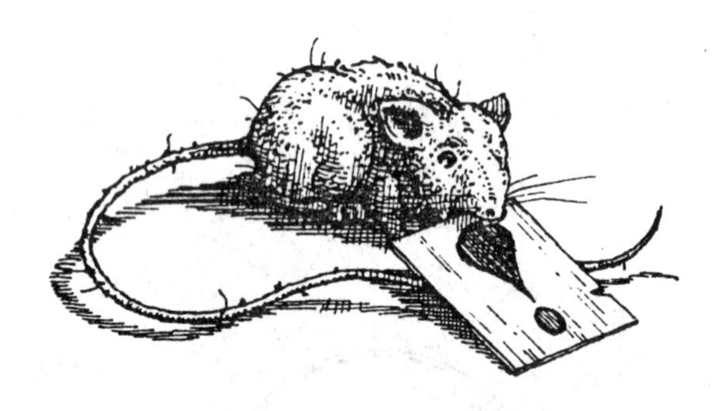

ПРЕДИСЛОВИЕ АВТОРА

Для чтения этой книги достаточна весьма скромная математическая подготовка: знание правил арифметики и элементарные сведения из геометрии. Лишь незначительная часть задач требует уменья составлять и решать простейшие уравнения. Тем не менее содержание книги весьма разнообразно: от пестрого подбора головоломок и замысловатых трюков математической гимнастики до полезных практических приемов счета и измерения. Составитель заботился о свежести включаемого материала и избегал повторения того, что входит в другие сборники того же автора («Фокусы и развлечения», «Занимательные задачи»). Читатель найдет здесь сотню головоломок, не включенных в другие книги, причем некоторые из задач, например крокетные, вообще никогда не публиковались.

В ряду составленных тем же автором математических книг серии «Занимательная наука» («Занимательная арифметика», «Занимательная алгебра», «Занимательная геометрия», «Занимательные задачи») настоящая — наиболее легкая и может служить введением в серию.

Я. И. Перельман

Глава первая

В ДОМЕ ОТДЫХА

ЗАВТРАК С ГОЛОВОЛОМКАМИ

1. Белка на поляне

— Сегодня утром я с белкой в прятки играл, — рассказывал во время завтрака один из собравшихся за столом дома отдыха. — Вы знаете в нашем лесу круглую полянку с одинокой березой посередине? За этим деревом и пряталась от меня белка. Выйдя из чащи на полянку, я сразу заметил беличью мордочку с живыми глазками, уставившуюся на меня из-за ствола. Осторожно, не приближаясь, стал я обходить по краю полянки, чтобы взглянуть на зверька. Раза четыре обошел я дерево, но плутовка отступала по стволу в обратную сторону, по-прежнему показывая только мордочку. Так и не удалось мне обойти кругом белки.

— Однако, — возразил кто-то, — сами же вы говорите, что четыре раза обошли вокруг дерева.

— Вокруг дерева, но не вокруг белки!

— Но белка-то на дереве?

— Что же из того?

— То, что вы кружились и около белки.

— Хорошо кружился, если ни разу не видел ее спинки!

— При чем тут спинка? Белка в центре, вы ходите по кругу, значит, ходите кругом белки.

— Ничуть не значит. Вообразите, что я хожу около вас по кругу, а вы поворачиваетесь ко мне все время лицом, пряча спину. Скажете вы разве, что я кружусь около вас?

— Конечно, скажу. Как же иначе?

— Кружусь, хотя не бываю позади вас, не вижу вашей спины?

— Далась вам спина! Вы замыкаете вокруг меня путь — вот в чем суть дела, а не в том, чтобы видеть спину!

— Позвольте, что значит кружиться около чего-нибудь? По-моему, это означает только одно: становиться последовательно в такие места, чтобы видеть предмет со всех сторон. Ведь правильно, профессор? — обратился спорящий к сидевшему за столом старику.

— Спор идет у вас, в сущности, о словах, — ответил ученый. — А в таких случаях надо начинать всегда с того,

Рис. 1. «Раза четыре обошел я дерево...»

о чем вы только сейчас завели речь: надо договориться о значении слов. Как понимать слова «двигаться вокруг предмета»? Смысл их может быть двоякий. Можно, во-первых, разуметь под ними перемещение по замкнутой линии, внутри которой находится предмет. Это одно понимание. Другое: двигаться по отношению к предмету так, чтобы видеть его со всех сторон. Держась первого понимания, вы должны признать, что четыре раза обошли вокруг белки. Придерживаясь же второго, обязаны заключить, что не обошли вокруг нее ни разу. Поводов для спора здесь, как видите, нет, если обе стороны говорят на одном языке, понимают слова одинаково.

— Прекрасно, можно допустить двоякое понимание. Но какое все же правильнее?

— Так ставить вопрос не приходится. Условливаться можно о чем угодно. Уместно только спросить, что более согласно с общепринятым пониманием. Я сказал бы, что лучше вяжется с духом языка первое понимание, и вот почему. Солнце, как известно, делает полный оборот вокруг своей оси в 26 суток...

— Солнце вертится?

— Конечно, как и Земля, вокруг оси. Вообразите, однако, что вращение Солнца совершается медленнее, а именно что оно делает один оборот не в 26 суток, а в 365 $^1/_{12}$ суток, то есть в год. Тогда Солнце было бы обращено к Земле всегда одной и той же своей стороной; противоположной половины, «спины» Солнца, мы никогда не видели бы. Но разве стал бы кто-нибудь утверждать из-за этого, что Земля не кружится около Солнца?

— Да, теперь ясно, что я все-таки кружился около белки.

— Есть предложение, товарищи! Не расходиться, — сказал один из слушавших спор. — Так как в дождь гулять никто не пойдет, а перестанет дождик, видно, не скоро, то давайте проведем здесь время за головоломками. Начало сделано. Пусть каждый по очереди придумает или припомнит какую-нибудь головоломку. Вы же, профессор, явитесь нашим верховным судьей.

— Если головоломки будут с алгеброй или с геометрией, то я должна отказаться, — заявила молодая женщина.

— И я тоже, — присоединился кто-то.

— Нет, нет, участвовать должны все! А мы попросим присутствующих не привлекать ни алгебры, ни геометрии, разве только самые начатки. Возражений не имеется?

— Тогда я согласна и готова первая предложить головоломку.

— Прекрасно, просим! — донеслось с разных сторон. — Начинайте.

2. В коммунальной кухне

— Головоломка моя зародилась в обстановке коммунальной квартиры. Задача, так сказать, бытовая. Жилица — назову ее для удобства Тройкиной — положила в общую плиту 3 полена своих дров, жилица Пятеркина — 5 поленьев. Жилец Бестопливный, у которого, как вы догадываетесь, не было своих дров, получил от обеих гражданок разрешение сварить обед на общем огне. В возмещение расходов он уплатил соседкам 80 копеек. Как должны они поделить между собой эту плату?

— Пополам, — поспешил заявить кто-то. — Бестопливный пользовался их огнем в равной мере.

— Ну нет, — возразил другой, — надо принять в соображение, как участвовали в этом огне дровяные вложения гражданок. Кто дал 3 полена, должен получить 30 копеек; кто дал 5 поленьев, получает 50 копеек. Вот это будет справедливый дележ.

Рис. 2. На кухне

— Товарищи, — взял слово тот, кто затеял игру и считался теперь председателем собрания. — Окончательные решения головоломок давайте пока не объявлять. Пусть каждый еще подумает над ними. Правильные ответы судья огласит нам за ужином. Теперь следующий. Очередь за вами, товарищ пионер!

3. Работа школьных кружков

— В нашей школе, — начал пионер, — имеется 5 кружков: политкружок, военный, фотографический, шахматный и хоровой. Политкружок занимается через день, военный — через 2 дня на 3-й; фотографический — каждый 4-й день, шахматный — каждый 5-й день и хоровой — каждый 6-й день. Первого января собрались в школе все 5 кружков, а затем занятия велись в назначенные по плану дни, без отступлений от расписания. Вопрос состоит в том, сколько в первом квартале было еще вечеров, когда собирались в школе все 5 кружков.
— А год был простой или високосный? — осведомились у пионера.

Рис. 3. «В нашей школе пять кружков», — начал пионер...

— Простой.
— Значит, первый квартал, — январь, февраль, март, — надо считать за 90 дней?
— Очевидно.
— Позвольте к вопросу вашей головоломки присоединить еще один, — сказал профессор. — А именно сколько в том же квартале года было таких вечеров, когда кружковых занятий в школе вовсе не происходило?
— Ага, понимаю! — раздался возглас. — Задача с подвохом. Ни одного дня не будет больше с 5 кружками и ни одного дня без всяких кружков. Это уже ясно!
— Почему? — спросил председатель.
— Объяснить не могу, но чувствую, что отгадчика хотят поймать врасплох.
— Ну, это не довод. Вечером выяснится, правильно ли ваше предчувствие. За вами очередь, товарищ!

4. Кто больше?

— Двое считали в течение часа всех, кто проходил мимо них по тротуару. Один стоял у ворот дома, другой прохаживался взад и вперед по тротуару. Кто насчитал больше прохожих?
— Идя, больше насчитаешь, ясное дело, — донеслось с другого конца стола.
— Ответ узнаем за ужином, — объявил председатель. — Следующий!

5. Дед и внук

— То, о чем я скажу, происходило в 1932 году. Мне было тогда ровно столько лет, сколько выражают последние две цифры года моего рождения. Когда я об этом соотношении рассказал деду, он удивил меня заявлением, что с его возрастом выходит то же самое. Мне это показалось невозможным...
— Разумеется, невозможно, — вставил чей-то голос.
— Представьте, вполне возможно! Дед доказал мне это. Сколько же было лет каждому из нас?

6. Железнодорожные билеты

— Я — железнодорожная кассирша, продаю билеты, — начала следующая участница игры. — Многим это кажется очень простым делом. Не подозревают, с каким большим числом билетов приходится иметь дело кассиру даже маленькой станции. Ведь необходимо, чтобы пассажиры могли получить билеты от данной станции до любой другой на той же дороге, притом в обоих направлениях. Я служу на дороге с 25 станциями. Сколько же различных образцов билетов заготовлено железной дорогой для всех ее касс?

— Ваша очередь, товарищ летчик, — провозгласил председатель.

7. Полет дирижабля

— Из Ленинграда вылетел прямо на север дирижабль. Пролетев в северном направлении 500 километров, он повернул на восток. Пролетев в эту сторону 500 километров, дирижабль сделал новый поворот — на юг и про-

Рис. 4. «500 шагов вперед, 500 вправо, 500 назад...»

шел в южном направлении 500 километров. Затем он повернул на запад и, пролетев 500 километров, опустился на землю. Спрашивается: где расположено место спуска дирижабля относительно Ленинграда — к западу, к востоку, к северу или к югу?

— На простака рассчитываете, — сказал кто-то, — 500 шагов вперед, 500 вправо, 500 назад да 500 влево, куда придем? Откуда вышли, туда и придем!

— Итак, где, по-вашему, спустился дирижабль?

— На том же ленинградском аэродроме, откуда поднялся. Не так разве?

— Именно не так.

— В таком случае я ничего не понимаю!

— В самом деле, здесь что-то неладно, — вступил в разговор сосед. — Разве дирижабль спустился не в Ленинграде? Нельзя ли повторить задачу?

Летчик охотно исполнил просьбу. Его внимательно выслушали и с недоумением переглянулись.

— Ладно, — объявил председатель. — До ужина успеем подумать об этой задаче, а сейчас будем продолжать.

8. Тень

— Позвольте мне, — сказал очередной загадчик, — взять сюжетом головоломки тот же дирижабль. Что длиннее: дирижабль или его полная тень?

— В этом и вся головоломка?

— Вся.

— Тень, конечно, длиннее дирижабля: ведь лучи солнца расходятся веером,— последовало сразу решение.

— Я бы сказал, — возразил кто-то, — что, напротив, лучи солнца параллельны; тень и дирижабль одной длины.

Рис. 5. Расходящиеся лучи от спрятавшегося за облаком солнца

— Что вы? Разве не случалось вам видеть расходящиеся лучи от спрятавшегося за облаком солнца? Тогда можно воочию убедиться, как сильно расходятся солнечные лучи. Тень дирижабля должна быть значительно больше самого дирижабля, как тень облака больше самого облака.

— Почему же обычно принимают, что лучи солнца параллельны? Моряки, астрономы — все так считают...

Председатель не дал спору разгореться и предоставил слово следующему загадчику.

9. Задача со спичками

Очередной оратор высыпал на стол все спички из коробка и стал распределять их в три кучки.
— Костер собираетесь раскладывать? — шутили слушатели.
— Головоломка, — объяснил загадчик, — будет со спичками. Вот их три неравных кучки. Во всех вместе 48 штук. Сколько в каждой, я вам не сообщаю. Зато отметьте следующее: если из первой кучки я переложу во вторую столько спичек, сколько в этой второй кучке имелось; затем из второй в третью переложу столько, сколько в этой третьей перед тем будет находиться; и, наконец, из третьей переложу в первую столько спичек, сколько в этой первой кучке будет тогда иметься, — если, говорю, все это проделать, то число спичек во всех кучках станет одинаково. Сколько же было в каждой кучке первоначально?

10. Коварный пень

— Головоломка эта, — начал сосед последнего загадчика,— напоминает задачу, которую давно как-то задал мне деревенский математик. Это был целый рассказ, довольно забавный. Повстречал крестьянин в лесу незнакомого старика. Разговорились. Старик внимательно оглядел крестьянина и сказал:
— Известен мне в леску этом пенечек один удивительный. Очень в нужде помогает.
— Как помогает? Вылечивает?
— Лечить не лечит, а деньги удваивает. Положишь под него кошель с деньгами, досчитаешь до ста — и готово: деньги, какие были в кошельке, удвоились. Такое свойство имеет. Замечательный пень!

— Вот бы мне испробовать, — мечтательно сказал крестьянин.
— Это можно. Отчего же? Заплатить только надо.
— Кому платить? И много ли?
— Тому платить, кто дорогу укажет. Мне, значит. А много ли, о том особый разговор.
Стали торговаться. Узнав, что у крестьянина в кошельке денег мало, старик согласился получить после каждого удвоения по 1 руб. 20 коп. На том и порешили.
Старик повел крестьянина в глубь леса, долго бродил с ним и наконец разыскал в кустах старый, покрытый мохом еловый пень. Взяв из рук крестьянина кошелек, он засунул его между корнями пня. Досчитали до ста. Старик снова стал шарить и возиться у основания пня, наконец извлек оттуда кошелек и подал крестьянину.
Заглянул крестьянин в кошелек, и что же? Деньги в самом деле удвоились! Отсчитал из них старику обещанные 1 руб. 20 коп. и попросил засунуть кошелек вторично под чудодейственный пень.
Снова досчитали до ста, снова старик стал возиться в кустах у пня, и снова совершилось диво: деньги в кошельке удвоились. Старик вторично получил из кошелька обусловленные 1 руб. 20 коп.
В третий раз спрятали кошель под пень. Деньги удвоились и на этот раз. Но когда крестьянин уплатил старику обещанное вознаграждение, в кошельке не осталось больше ни одной копейки.
Бедняга потерял на этой комбинации все свои деньги. Удваивать больше было уже нечего, и крестьянин уныло побрел из лесу.
Секрет волшебного удвоения денег вам, конечно, ясен — старик недаром, отыскивая кошелек, мешкал

в зарослях у пня. Но можете ли вы ответить на другой вопрос: сколько было у крестьянина денег до злополучных опытов с коварным пнем?

11. Задача о декабре

— Я, товарищи, языковед, от всякой математики далек, — начал пожилой человек, которому пришел черед задавать головоломку. — Не ждите от меня поэтому математической задачи. Могу только предложить вопрос из знакомой мне области. Разрешите задать календарную головоломку?
— Просим!
— Двенадцатый месяц называется у нас «декабрь». А вы знаете, что, собственно, значит «декабрь»? Слово это происходит от греческого слова «дека» — десять, отсюда также слова «декалитр» — десять литров, «декада» — десять дней и т. д. Выходит, что месяц декабрь носит название «десятый». Чем объяснить такое несоответствие?
— Ну, теперь осталась только одна головоломка, — произнес председатель.

12. Арифметический фокус

— Мне приходится выступать последним, двенадцатым. Для разнообразия покажу вам арифметический фокус и попрошу раскрыть его секрет. Пусть кто-нибудь, хотя бы вы, товарищ председатель, напишет, тайно от меня, любое трехзначное число.
— Могут быть и нули в этом числе?
— Не ставлю никаких ограничений. Любое трехзначное число, какое пожелаете.
— Написал. Что теперь?

— Припишите к нему это же число еще раз. У вас получится, конечно, шестизначное число.
— Есть. Шестизначное число.
— Передайте бумажку соседу, что сидит подальше от меня. А он пусть разделит это шестизначное число на семь.
— Легко сказать: разделить на семь! Может, и не разделится.
— Не беспокойтесь, поделится без остатка.
— Числа не знаете, а уверены, что поделится.
— Сначала разделите, потом будем говорить.
— На ваше счастье — разделилось.
— Результат вручите своему соседу, не сообщая мне. Он разделит его на 11.
— Думаете, опять повезет — разделится?
— Делите, остатка не получится.
— В самом деле, без остатка! Теперь что?
— Передайте результат дальше. Разделим его... ну, скажем, на 13.
— Нехорошо выбрали. Без остатка на 13 мало чисел делится... ан нет, разделилось нацело. Везет же вам!
— Дайте мне бумажку с результатом; только сложите ее, чтобы я не видел числа.
Не развертывая листка бумаги, «фокусник» вручил его председателю.
— Извольте получить задуманное вами число. Правильно?
— Совершенно верно! — с удивлением ответил тот, взглянув на бумажку. — Именно это я и задумал... А теперь, так как список ораторов исчерпан, позвольте закрыть наше собрание, благо и дождь успел пройти. Разгадки всех головоломок будут оглашены сегодня же, после ужина. Записки с решениями можете подавать мне.

РАЗВЯЗКА ЗАВТРАКА РЕШЕНИЯ ГОЛОВОЛОМОК 1–12

1. Головоломка с белкой на поляне рассмотрена была полностью раньше. Переходим к следующей.

2. Нельзя считать, как многие делают, что 80 коп. уплачено за 8 поленьев, по гривеннику за полено. Деньги эти уплачены только за третью часть от 8 поленьев, потому что огнем пользовались трое в одинаковой мере. Отсюда следует, что все 8 поленьев оценены были в 80 × 3, т. е. в 2 руб. 40 коп., и цена одного полена — 30 коп.
Теперь легко сообразить, сколько причитается каждому. Пятеркиной за ее 5 поленьев следует 150 коп.; но она сама воспользовалась плитой на 80 коп.; значит, ей остается дополучить еще 150 – 80, т. е. 70 коп. Тройкина за 3 своих полена должна получить 90 коп.; а если вычесть 80 коп., причитающиеся с нее за пользование плитой, то следовать ей будет всего только 90 – 80, т. е. 10 коп.
Итак, при правильном дележе Пятеркина должна получить 70 коп., Тройкина — 10 коп.

3. На первый вопрос — через сколько дней в школе соберутся одновременно все 5 кружков — мы легко ответим, если сумеем разыскать наименьшее из всех чисел, которое делится без остатка на 2, на 3, на 4, на 5 и на 6. Нетрудно сообразить, что число это 60. Значит, на 61-й день соберется снова 5 кружков: политический — через 30 двухдневных промежутков, военный — через 20 трехдневных, фотокружок — через 15 четырехдневных, шахматный — через 12 пятидневок и хоровой — через 10 шестидневок. Раньше чем через 60 дней такого вечера не будет. Следующий подобный же вечер будет еще через 60 дней, т. е. уже во втором квартале.

Итак, в течение первого квартала окажется только один вечер, когда в клубе снова соберутся для занятий все 5 кружков.

Труднее найти ответ на второй вопрос задачи: сколько будет вечеров, свободных от кружковых занятий? Чтобы разыскать такие дни, надо выписать по порядку все числа от 1 до 90 и зачеркнуть в этом ряду дни работы политкружка, т. е. числа 1, 3, 5, 7, 9 и т. д. Потом зачеркнуть дни работы военного кружка: 4-й, 10-й и т. д. После того как зачеркнем затем дни занятий фотокружка, шахматного и хорового, у нас останутся незачеркнутыми те дни первого квартала, когда ни один кружок не работал.

Кто проделает эту работу, тот убедится, что вечеров, свободных от занятий, в течение первого квартала будет довольно много: 24. В январе их 8, а именно 2, 8, 12, 14, 18, 20, 24 и 30-го. В феврале насчитывается 7 таких дней, в марте — 9.

4. Оба насчитали одинаковое число прохожих. Хотя тот, кто стоял у ворот, считал проходивших в обе стороны, зато тот, кто ходил, видел вдвое больше встречных людей.

5. С первого взгляда может действительно показаться, что задача неправильно составлена: выходит как будто, что внук и дед одного возраста. Однако требование задачи, как сейчас увидим, легко удовлетворяется.

Внук, очевидно, родился в XX столетии. Первые две цифры года его рождения, следовательно, 19: таково число сотен. Число, выражаемое остальными цифрами, будучи сложено с самим собою, должно составить 32. Значит,

это число 16: год рождения внука 1916, и ему в 1932 г. было 16 лет.
Дед его родился, конечно, в XIX столетии: первые две цифры года его рождения 18. Удвоенное число, выражаемое остальными цифрами, должно составить 132. Значит, само это число равно половине от 132, т. е. 66. Дед родился в 1866 г., и ему теперь 66 лет.
Таким образом, и внуку, и деду в 1932 г. столько лет, сколько выражают последние два числа годов их рождения.

6. На каждой из 25 станций пассажиры могут требовать билет до любой станции, т. е. на 24 пункта. Значит, разных билетов надо напечатать 25 × 24 = 600 образцов.

7. Задача эта никакого противоречия не содержит. Не следует думать, что дирижабль летел по контуру квадрата: надо принять в расчет шарообразную форму Земли. Дело в том, что меридианы к северу сближаются (**рис. 6**); поэтому, пройдя 500 км по параллельному кругу, расположенному на 500 км севернее широты Ленинграда, дирижабль отошел к востоку на большее число градусов, чем пролетел потом в обратном направлении, очутившись снова на широте Ленинграда. В результате дирижабль, закончив полет, оказался восточнее Ленинграда.
На сколько именно? Это можно рассчитать. На **рис. 6** вы видите маршрут дирижабля: *ABCDE*. Точка *N* — северный полюс; в этой точке сходятся меридианы *AB* и *DC*. Дирижабль пролетел сначала 500 км на север, т. е. по меридиану *AN*. Так как длина градуса меридиана 111 км, то дуга меридиана в 500 км содержит 500 : 111 = = 4,5°. Ленинград лежит на 60-й параллели; значит, точка *B* находится на 60° + 4,5° = 64,5°. Затем дирижабль

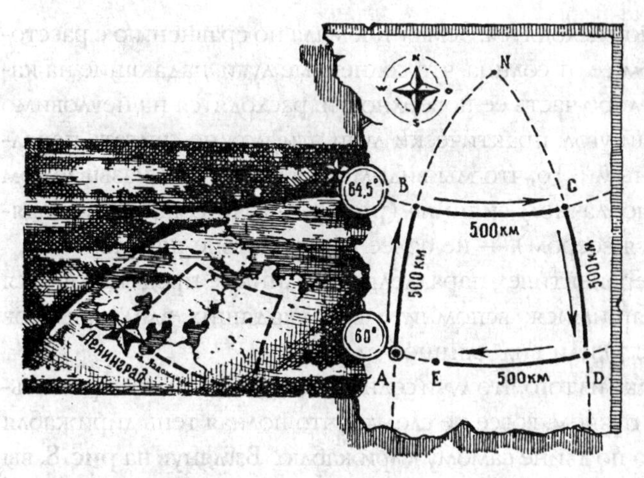

Рис. 6. Как летел дирижабль задачи 7

летел к востоку, т. е. по параллели *BC*, и прошел по ней 500 км. Длину одного градуса на этой параллели можно вычислить (или узнать из таблиц); она равна 48 км. Отсюда легко определить, сколько градусов пролетел дирижабль на восток: 500 : 48 = 10,4°. Далее воздушный корабль летел в южном направлении, т. е. по меридиану *CD*, и, пройдя 500 км, должен был очутиться снова на параллели Ленинграда. Теперь путь лежит на запад, т. е. по *DA*; 500 км этого пути явно короче расстояния *AD*. В расстоянии *AD* заключается столько же градусов, сколько и в *BC*, т. е. 10,4°. Но длина 1° на широте 60° равна 55,5 км. Следовательно, между *A* и *D* расстояние равно $55,5 \times 10,4 = 577,2$ км. Мы видим, что дирижабль не мог спуститься в Ленинграде; он не долетел до него 77 км, т. е. спустился на Ладожском озере.

8. Беседовавшие об этой задаче допустили ряд ошибок. Неверно, что лучи солнца, падающие на земной шар, за-

метно расходятся. Земля так мала по сравнению с расстоянием ее от солнца, что солнечные лучи, падающие на какую-либо часть ее поверхности, расходятся на неуловимо малый угол: практически лучи эти можно считать параллельными. То, что мы видим иногда при так называемом «иззаоблачном сиянии» (**рис. 5** — лучи солнца, расходящиеся веером), — не более как следствие перспективы.
В перспективе параллельные линии представляются сходящимися; вспомните вид уходящих вдаль рельсов (**рис. 7**) или вид длинной аллеи.
Однако из того, что лучи солнца падают на землю параллельным пучком, вовсе не следует, что полная тень дирижабля равна по длине самому дирижаблю. Взглянув на **рис. 8**, вы поймете, что полная тень дирижабля в пространстве сужается по направлению к земле и что, следовательно, тень, отбрасываемая им на земную поверхность, должна быть короче самого дирижабля: *CD* меньше, чем *AB*.
Если знать высоту дирижабля, то можно вычислить и то, как велика эта разница. Пусть дирижабль летит на высоте 1000 м над земной поверхностью. Угол, составляемый прямыми *AC* и *BD* между собою, равен тому углу, под которым усматривается солнце с земли; угол этот известен: около $^1/_2{}^\circ$. С другой стороны, известно, что всякий предмет, видимый под углом в $^1/_2{}^\circ$, удален от глаза на 115 своих поперечников. Значит, избыток длины ди-

Рис. 7. Рельсы, уходящие вдаль

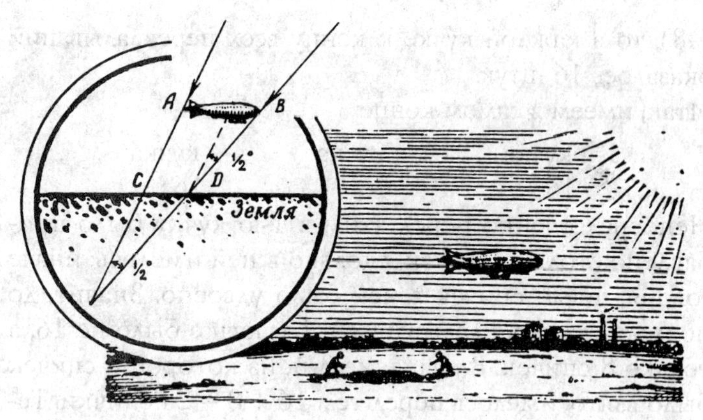

Рис. 8. Как падает тень от дирижабля

рижабля над длиною тени (этот избыток усматривается с земной поверхности под углом в $^1/_2°$) должен составлять 115-ю долю от *AC*. Величина *AC* больше отвесного расстояния от *A* до земной поверхности. Если угол между направлением солнечных лучей и земной поверхностью равен 45°, то *AC* (при высоте дирижабля 1000 м) составляет около 1400 м, и, следовательно, тень короче дирижабля на 1400 : 115 = 12 м.

Все сказанное относится к полной тени дирижабля — черной и резкой — и не имеет отношения к так называемой полутени, слабой и размытой.

Расчет наш показывает, между прочим, что будь на месте дирижабля небольшой воздушный шар диаметром меньше 12 м, он не отбрасывал бы вовсе полной тени; видна была бы только его смутная полутень.

9. Задачу решают с конца. Будем исходить из того, что после всех перекладываний число спичек в кучках сделалось одинаковым. Так как от этих перекладываний общее число спичек не изменилось, осталось прежнее

(48), то в каждой кучке к концу всех перекладываний оказалось 16 штук.

Итак, имеем в самом конце:

1-я кучка	2-я кучка	3-я кучка
16	16	16

Непосредственно перед этим в 1-ю кучку было прибавлено столько спичек, сколько в ней имелось; иначе говоря, число спичек в ней было удвоено. Значит, до последнего перекладывания в 1-й кучке было не 16, а только 8 спичек. В кучке же 3-й, из которой 8 спичек было взято, имелось перед тем 16 + 8 = 24 спички. Теперь у нас такое распределение спичек по кучкам:

1-я кучка	2-я кучка	3-я кучка
8	16	24

Далее, мы знаем, что перед этим из 2-й кучки было переложено в 3-ю столько спичек, сколько имелось в 3-й кучке. Значит, 24 — это удвоенное число спичек, бывших в 3-й кучке до этого перекладывания. Отсюда узнаем распределение спичек после первого перекладывания:

1-я кучка	2-я кучка	3-я кучка
8	16 + 12 = 28	12

Легко сообразить, что раньше первого перекладывания (т. е. до того, как из 1-й кучки переложено было во 2-ю столько спичек, сколько в этой 2-й имелось) распределение спичек было таково:

1-я кучка	2-я кучка	3-я кучка
22	14	12

Таковы первоначальные числа спичек в кучках.

10. Эту головоломку также проще решить с конца. Мы знаем, что после третьего удвоения в кошельке оказалось 1 руб. 20 коп. (Деньги эти получил старик в послед-

ний раз.) Сколько же было до этого удвоения? Конечно, 60 коп. Остались эти 60 коп. после уплаты старику вторых 1 руб. 20 коп., а до уплаты было в кошельке 1 руб. 20 коп. + 60 коп. = 1 руб. 80 коп.
Далее: 1 руб. 80 коп. оказались в кошельке после второго удвоения; до того было всего 90 коп., оставшиеся после уплаты старику первых 1 руб. 20 коп. Отсюда узнаем, что до уплаты находились в кошельке 90 коп. + + 1 руб. 20 коп. = 2 руб. 10 коп. Столько денег имелось в кошельке после первого удвоения; раньше же было вдвое меньше — 1 руб. 5 коп. Это и есть те деньги, с которыми крестьянин приступил к своим неудачным финансовым операциям.
Проверим ответ:

Деньги в кошельке

После 1-го удвоения 1 руб. 5 коп. × 2 = 2 руб. 10 коп.
» 1-й уплаты..... 2 руб. 10 коп. – 1 руб. 20 коп. = 90 коп.
» 2-го удвоения .... 90 коп. × 2 = 1 руб. 80 коп.
» 2-й уплаты..... 1 руб. 80 коп. – 1 руб. 20 коп. = 60 коп.
» 3-го удвоения .... 60 коп. × 2 = 1 руб. 20 коп.
» 3-й уплаты..... 1 руб. 20 коп. – 1 руб. 20 коп. = 0.

11. Наш календарь ведет свое начало от календаря древних римлян. Римляне же (до Юлия Цезаря) считали началом года не 1 января, а 1 марта. Декабрь тогда был, следовательно, десятый месяц. С перенесением начала

Названия месяцев	Смысл названия	Порядковый номер
Сентябрь	Седьмой	9
Октябрь	Восьмой	10
Ноябрь	Девятый	11
Декабрь	Десятый	12

года на 1 января названия месяцев изменены не были. Отсюда и произошло то несоответствие между названием и порядковым номером, которое существует теперь для ряда месяцев:

12. Проследим за тем, что проделано было с задуманным числом. Прежде всего к нему приписали взятое трехзначное число еще раз. Это то же самое, что приписать три нуля и прибавить затем первоначальное число; например:

$$872\,872 = 872\,000 + 872.$$

Теперь ясно, что, собственно, проделано было с числом: его увеличили в 1000 раз и, кроме того, прибавили его самого; короче сказать — умножили число на 1001.
Что же сделано было потом с этим произведением? Его разделили последовательно на 7, на 11 и на 13. В конечном счете, значит, разделили его на $7 \times 11 \times 13$, т. е. на 1001.
Итак, задуманное число сначала умножили на 1001, потом разделили на 1001. Надо ли удивляться, что в результате получилось то же самое число?

Прежде чем закончить главу о головоломках в доме отдыха, расскажу еще о трех арифметических фокусах, которыми вы можете занять досуг ваших товарищей. Два состоят в отгадывании чисел, третий — в отгадывании владельцев вещей.
Это старые, быть может, даже и известные вам фокусы, но едва ли все знают, на чем они основаны. А без знания теоретической основы фокуса нельзя сознательно и уверенно его выполнять. Обоснование первых двух фокусов потребует от нас весьма скромной и ничуть не утомительной экскурсии в область начальной алгебры.

13. Зачеркнутая цифра

Пусть товарищ ваш задумает какое-нибудь многозначное число, например 847. Предложите ему найти сумму цифр этого числа (8 + 4 + 7 = 19) и отнять ее от задуманного числа. У загадчика окажется

$$847 - 19 = 828.$$

В том числе, которое получится, пусть он зачеркнет одну цифру — безразлично какую — и сообщит вам все остальные. Вы немедленно называете ему зачеркнутую цифру, хотя не знаете задуманного числа и не видели, что с ним проделывалось.

Как можете вы это выполнить и в чем разгадка фокуса?

Выполняется это очень просто: подыскивается такая цифра, которая вместе с суммою вам сообщенных цифр составила бы ближайшее число, делящееся на 9 без остатка. Если, например, в числе 828 была зачеркнута первая цифра (8) и вам сообщены цифры 2 и 8, то, сложив 2 + 8, вы соображаете, что до ближайшего числа, делящегося на 9, т. е. до 18, не хватает 8. Это и есть зачеркнутая цифра.

Почему так получается? Потому что если от какого-либо числа отнять сумму его цифр, то должно остаться число, делящееся на 9, — иначе говоря, такое, сумма цифр которого делится на 9. В самом деле, пусть в задуманном числе цифра сотен — a, цифра десятков — b и цифра единиц — c. Значит, всего в этом числе содержится единиц

$$100a + 10b + c.$$

Отнимаем от этого числа сумму его цифр $a + b + c$. Получим

$$100a + 10b + c - (a + b + c) = 99a + 9b = 9(11a + b).$$

Но $9\,(11a + b)$, конечно, делится на 9; значит, при вычитании из числа суммы его цифр всегда должно получиться число, делящееся на 9 без остатка.

При выполнении фокуса может случиться, что сумма сообщенных вам цифр сама делится на 9 (например, 4 и 5). Это показывает, что зачеркнутая цифра есть либо 0, либо 9. Так вы и должны ответить: «0 или 9».

Вот видоизменение того же фокуса: вместо того чтобы из задуманного числа вычитать сумму его цифр, можно вычесть число, полученное из данного какой-либо перестановкой его цифр. Например, из числа 8247 можно вычесть 2748 (если получается число большее задуманного, то вычитают меньшее из большего). Дальше поступают, как раньше сказано:

$$8247 - 2748 = 5499;$$

если зачеркнута цифра 4, то, зная цифры 5, 9, 9, вы соображаете, что ближайшее к $5 + 9 + 9$, т. е. 23, число, делящееся на 9, есть 27. Значит, зачеркнутая цифра $27 - 23 = 4$.

13а. Отгадать число, ничего не спрашивая

Вы предлагаете товарищу задумать трехзначное число, не оканчивающееся нулем, такое, в котором крайние цифры разнятся больше чем на 1, и просите затем переставить цифры в обратном порядке. Сделав это, он должен вычесть меньшее число из большего и полученную разность сложить с нею же, но написанною в обратной последовательности цифр. Ничего не спрашивая у загадчика, вы сообщаете ему число, которое у него получилось в конечном счете.

Если, например, было задумано 467, то загадчик должен выполнять следующие действия:

$$467 \qquad 764 \qquad \begin{array}{r} 764 \\ -\ 467 \\ \hline 297 \end{array} \qquad \begin{array}{r} 297 \\ +\ 792 \\ \hline 1089 \end{array}$$

Этот окончательный результат — 1089 — вы и объявляете загадчику. Как вы можете его узнать?

Рассмотрим задачу в общем виде. Возьмем число с цифрами a, b, c. Оно изобразится так:

$$100a + 10b + c.$$

Число с обратным расположением имеет вид:

$$100c + 10b + a.$$

Разность между первым и вторым равна:

$$99a - 99c.$$

Делаем следующие преобразования:

$$\begin{aligned} 99a - 99c &= 99(a - c) = 100(a-c) - a + c = \\ &= 100(a - c) - 100 + 100 - 10 + 10 - a + c = \\ &= 100(a - c - 1) + 90 + (10 - a + c). \end{aligned}$$

Значит, разность состоит из следующих трех цифр:

цифра сотен: $a - c - 1$,
» десятков: 9,
» единиц: $10 + c - a$.

Число с обратным расположением цифр изображается так:

$$100(10 + c - a) + 90 + (a - c - 1).$$

Сложив оба выражения

$$\begin{array}{r} 100(a - c - 1) + 90 + 10 + c - a \\ +\ 100(10 + c - a) + 90 + a - c - 1, \end{array}$$

получаем

$$100 \times 9 + 180 + 9 = 1089.$$

Каковы бы ни были цифры a, b, c, в итоге выкладок всегда получае тся одно и то же число: 1089. Нетрудно поэтому отгадать результат этих вычислений: вы знали его заранее. Понятно, что показывать этот фокус одному лицу дважды нельзя — секрет будет раскрыт.

14. Кто что взял?

Для выполнения этого остроумного фокуса необходимо подготовить три какие-нибудь мелкие вещицы, удобно помещающиеся в кармане, например карандаш, ключ и перочинный ножик. Кроме того, поставьте на стол тарелку с 24 орехами; за неимением орехов годятся шашки, кости домино, спички и т. п.

Троим товарищам вы предлагаете во время вашего отсутствия в комнате спрятать в карман карандаш, ключ или ножик, кто какую вещь хочет. Вы беретесь отгадать, в чьем кармане какая вещь.

Процедура отгадывания проводится так. Возвратившись в комнату после того, как вещи спрятаны в карманах товарищей, вы начинаете с того, что вручаете им на сохранение орехи из тарелки.

Первому даете один орех, второму — два, третьему — три. Затем снова удаляетесь из комнаты, оставив товарищам следующую инструкцию. Каждый должен взять себе из тарелки еще орехов, а именно: обладатель карандаша берет столько орехов, сколько ему было вручено; обладатель ключа берет вдвое больше того числа орехов, какое ему было вручено; обладатель ножа берет вчетверо больше того числа орехов, какое ему было вручено.

Прочие орехи остаются на тарелке.

Когда все это проделано и вам дан сигнал возвратиться, вы, входя в комнату, бросаете взгляд на тарелку и объявляете, у кого в кармане какая вещь.

Фокус тем более озадачивает, что выполняется без участия тайного сообщника, подающего вам незаметные сигналы. В нем нет никакого обмана: он целиком основан на арифметическом расчете. Вы разыскиваете обладателя каждой вещи единственно лишь по числу оставшихся орехов. Остается их на тарелке немного — от 1 до 7, и счесть их можно одним взглядом.

Как же, однако, узнать по остатку орехов, кто взял какую вещь?

Очень просто: каждому случаю распределения вещей между товарищами отвечает иное число остающихся орехов. Мы сейчас в этом убедимся.

Пусть имена ваших товарищей Владимир, Георгий, Константин; обозначим их начальными буквами: *В*, *Г*, *К*. Вещи также обозначим буквами: карандаш — *a*, ключ — *b*, нож — *c*. Как могут три вещи распределиться между тремя обладателями? На 6 ладов:

В	*Г*	*К*
a	*b*	*c*
a	*c*	*b*
b	*a*	*c*
b	*c*	*a*
c	*a*	*b*
c	*b*	*a*

Других случаев, очевидно, быть не может; наша табличка систематически исчерпывает все комбинации.

Посмотрим теперь, какие остатки отвечают каждому из этих 6 случаев:

ВГК	Число взятых орехов	Итого	Остаток
abc	1+1 = 2; 2+4 = 6; 3+12 = 15	23	1
acb	1+1 = 2; 2+8 = 10; 3+6 = 9	21	3
bac	1+2 = 3; 2+2 = 4; 3+12 = 15	22	2
bca	1+2 = 3; 2+8 = 10; 3+3 = 6	19	5
cab	1+4 = 5; 2+2 = 4; 3+6 = 9	18	6
cba	1+4 = 5; 2+4 = 6; 3+3 = 6	17	7

Вы видите, что остаток орехов всякий раз получается иной. Поэтому, зная остаток, вы легко устанавливаете, каково распределение вещей между вашими товарищами. Вы снова — в третий раз — удаляетесь из комнаты и заглядываете там в свою записную книжку, где записана сейчас воспроизведенная табличка (собственно, нужны вам только первая и последняя графы); запомнить ее наизусть трудно, да и нет надобности. Табличка скажет вам, в чьем кармане какая вещь. Если, например, на тарелке осталось 5 орехов, то это означает (случай *b*, *c*, *a*), что

ключ — у Владимира;
нож — у Георгия;
карандаш — у Константина.

Чтобы фокус удался, вы должны твердо помнить, сколько орехов вы дали каждому товарищу (раздавайте орехи поэтому всегда по алфавиту, как и было сделано в нашем случае).

Глава вторая

МАТЕМАТИКА В ИГРАХ

ДОМИНО

15. Цепь из 28 костей

Почему 28 костей домино можно выложить с соблюдением правил игры в одну непрерывную цепь?

16. Начало и конец цепи

Когда 28 костей домино выложены в цепь, на одном ее конце оказалось 5 очков.
Сколько очков на другом конце?

17. Фокус с домино

Ваш товарищ берет одну из костей домино и предлагает вам из остальных 27 составить непрерывную цепь, утверждая, что это всегда возможно, какая бы кость ни была взята. Сам же он удаляется в соседнюю комнату, чтобы не видеть вашей цепи.
Вы приступаете к работе и убеждаетесь, что товарищ ваш прав: 27 костей выложились в одну цепь. Еще удивительнее то, что товарищ, оставаясь в соседней комнате и не видя вашей цепи, объявляет оттуда, какие числа очков на ее концах.
Как может он это знать? И почему он уверен, что из всяких 27 костей домино составится непрерывная цепь?

18. Рамка

Рис. 9 изображает квадратную рамку, выложенную из костей домино с соблюдением правил игры. Стороны рамки равны по длине, но не одинаковы по сумме оч-

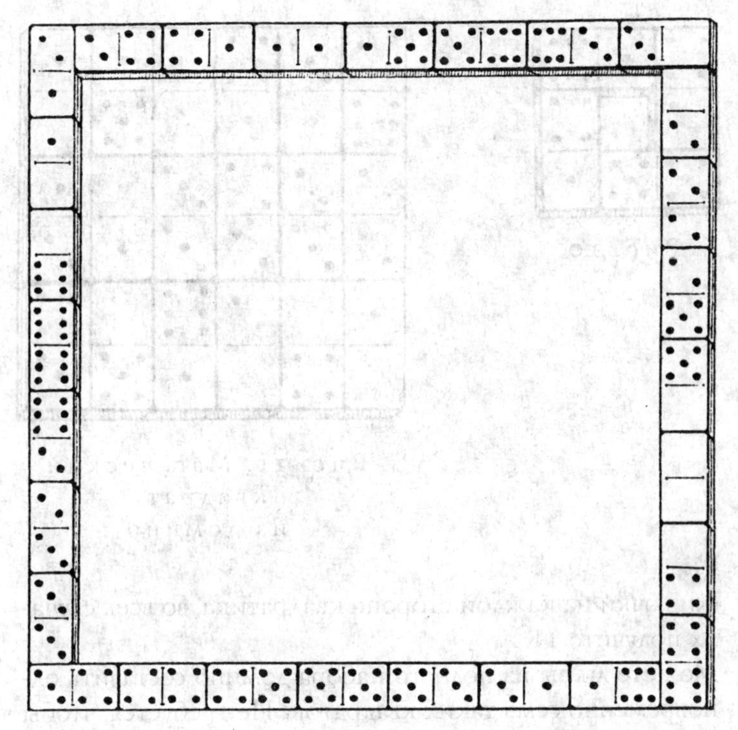

Рис. 9. Рамка из домино

ков: верхний и левый ряды заключают по 44 очка, остальные же два ряда — 59 и 32.

Можете ли вы выложить такую квадратную рамку, все стороны которой заключали бы одинаковую сумму очков — именно 44?

19. Семь квадратов

Четыре кости домино можно выбрать так, чтобы из них составился квадратик с равной суммой очков на каждой стороне. Образчик вы видите на **рис. 10**: сло-

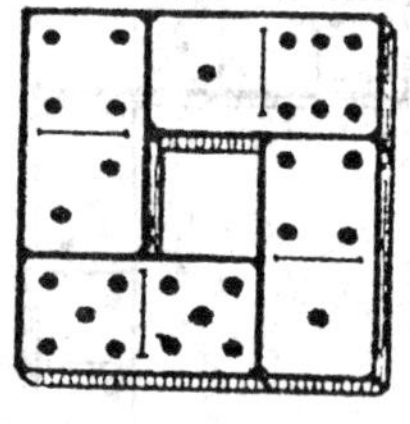

Рис. 10

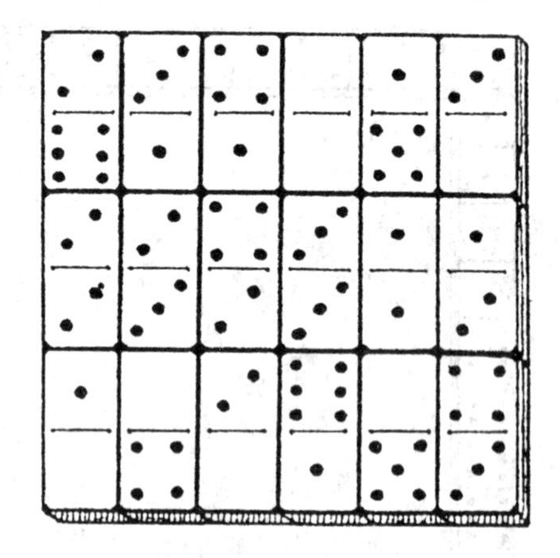

Рис. 11. Магический квадрат из домино

жив очки на каждой стороне квадратика, во всех случаях получите 11.

Можете ли вы из полного набора домино составить одновременно семь таких квадратов? Не требуется, чтобы сумма очков на одной стороне получалась у всех квадратов одна и та же; надо лишь, чтобы каждый квадрат имел на своих четырех сторонах одинаковую сумму очков.

20. Магические квадраты из домино

На **рис. 11** показан квадрат из 18 косточек домино, замечательный тем, что сумма очков любого его ряда — продольного, поперечного или диагонального — одна и та же: 13. Подобные квадраты издавна называются «магическими».

Вам предлагается составить несколько таких же 18-косточковых магических квадратов, но с другой суммой очков в ряду.

13 — наименьшая сумма в рядах магического квадрата, составленного из 18 костей. Наибольшая сумма — 23.

21. Прогрессия из домино

Вы видите на **рис. 12** шесть косточек домино, выложенных по правилам игры и отличающихся тем, что число очков на косточках (на двух половинах каждой косточки) возрастает на 1: начинаясь с 4, ряд состоит из следующих чисел очков:

4; 5; 6; 7; 8; 9.

Такой ряд чисел, которые возрастают (или убывают) на одну и ту же величину, называется арифметической прогрессией. В нашем ряду каждое число больше предыдущего на 1; но в прогрессии может быть и любая другая «разность».

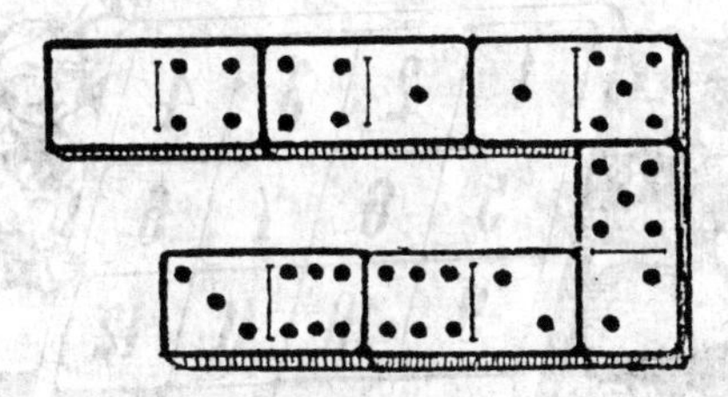

Рис. 12. Прогрессия на костяшках домино

Задача состоит в том, чтобы составить еще несколько 6-косточковых прогрессий.

ИГРА В «15», или ТАКЕН

Общеизвестная коробочка с 15 нумерованными квадратными шашками имеет любопытную историю, о которой мало кто из игроков подозревает. Расскажем о ней словами немецкого исследователя игр — математика В. Аренса.

«Около полувека назад — в конце 70-х годов — вынырнула в Соединенных Штатах игра в «15»; она быстро распространилась и, благодаря несчетному числу усердных игроков, которых она заполонила, превратилась в настоящее общественное бедствие.

То же наблюдалось по эту сторону океана, в Европе. Здесь можно было даже в конках видеть в руках пассажиров коробочки с 15 шашками. В конторах и магазинах хозяева приходили в отчаяние от увлечения своих служащих и вынуждены были воспретить им игру в часы занятий и торговли. Содержатели увеселительных заведений ловко использовали эту манию и устраивали большие игорные турниры. Игра проникла даже в тор-

Рис. 13. Игра в «15»

жественные залы германского рейхстага. «Как сейчас вижу в рейхстаге седовласых людей, сосредоточенно рассматривающих в своих руках квадратную коробочку», — вспоминает известный географ и математик Зигмунд Гюнтер, бывший депутатом в годы игорной эпидемии.

В Париже игра эта нашла себе приют под открытым небом, на бульварах, и быстро распространилась из столицы по всей провинции. «Не было такого уединенного сельского домика, где не гнездился бы этот паук, подстерегая жертву, готовую запутаться в его сетях», — писал один французский автор.

В 1880 г. игорная лихорадка достигла, по-видимому, своей высшей точки. Но вскоре после этого тиран был повержен и побежден оружием математики. Математическая теория игры обнаружила, что из многочисленных задач, которые могут быть предложены, разрешима только половина; другая не разрешима никакими ухищрениями.

Рис. 14. Самуэль Лойд, изобретатель игры в «15»

Стало ясно, почему иные задачи не поддавались самым упорным усилиям и почему устроители турниров отваживались назначать огромные премии за разрешения задач. В этом отношении всех превзошел изобретатель игры, предложивший издателю нью-йоркской газеты для воскресного приложения неразрешимую задачу с премией в 1000 долларов за ее решение; так как издатель колебался, то изобретатель выразил полную готовность внести названную сумму из собственного кармана. Имя изобретателя Самуэль (Сам) Лойд. Он приобрел широкую известность как составитель остроумных задач и множества головоломок. Любопытно, что получить в Америке патент на придуманную игру ему не удалось. Согласно инструкции, он должен был представить «рабочую модель» для исполнения пробной партии; он предложил чиновнику патентного бюро задачу, и, когда последний осведомился, разрешима ли она, изобретатель должен был ответить: «Нет, это математически невозможно». «В таком случае, — последовало возражение, — не может быть и рабочей модели, а без модели нет и патента». Лойд удовлетворился этой резолюцией, но, вероятно, был бы более настойчив, если бы предвидел неслыханный успех своего изобретения».

Приведем собственный рассказ изобретателя игры о некоторых фактах из ее истории:

«Давнишние обитатели царства смекалки, — пишет Лойд, — помнят, как в начале 70-х годов я заставил весь мир ломать голову над коробкой с подвижными шашками, получившей известность под именем игры в «15». Пятнадцать шашек были размещены в квадратной коробочке в правильном порядке, и только шашки 14 и 15 были переставлены, как показано на прилагаемой иллюстрации (**рис. 16**). Задача состояла в том, чтобы, последовательно передвигая шашки, привести их в нормальное положение, причем, однако, порядок шашек 14 и 15 должен быть исправлен.

Премия в 1000 долларов, предложенная за первое правильное решение этой задачи, никем не была заслужена, хотя все без устали решали эту задачу. Рассказывали забавные истории о торговцах, забывавших из-за этого открывать свои магазины, о почтенных чиновниках, целые ночи напролет простаивавших под уличным фонарем, отыскивая путь к решению. Никто не желал отказаться от поисков решения, так как все чувствовали уверенность в ожидающем их успехе. Штурмана, говорят, из-за игры сажали на мель свои суда, машинисты проводили поезда мимо станций; фермеры забрасывали свои плуги».

Познакомим читателя с начатками теории этой игры. В полном виде она очень сложна и тесно примыкает к одному из отделов высшей алгебры («теории определителей»). Мы ограничимся лишь некоторыми соображениями, изложенными В. Аренсом.

«Задача игры состоит обыкновенно в том, чтобы посредством последовательных передвижений, допускаемых наличием свободного поля, перевести любое начальное расположение 15 шашек в нормальное, т. е. в такое, при котором шашки идут в порядке своих чисел: в верхнем левом углу 1, направо — 2, затем 3, потом в верхнем правом углу 4; в следующем ряду слева направо: 5, 6, 7, 8 и т. д. Такое нормальное конечное расположение мы даем на **рис. 15**.

Вообразите теперь расположение, при котором 15 шашек размещены в пестром беспорядке. Рядом передвижений всегда можно привести шашку 1 на место, занимаемое ею на рисунке.

Точно так же возможно, не трогая шашки 1, привести шашку 2 на соседнее место вправо. Затем, не трогая шашек 1 и 2, можно поместить шашки 3 и 4 на их нормальные места: если они случайно не находятся в двух последних вертикальных рядах, то легко привести их в эту область и затем рядом передвижений достичь желаемого результата. Теперь верхняя строка 1, 2, 3, 4 приведена в порядок, и при дальнейших манипуляциях с шашками мы трогать этого ряда не будем. Таким же путем стараемся мы привести в порядок и вторую строку: 5, 6, 7, 8; легко убедиться, что это всегда достижимо. Далее, на пространстве двух рядов необходимо привести в нормальное положение шашки 9 и 13: это тоже всегда возможно. Из всех приведенных в порядок шашек 1, 2, 3, 4, 5, 6, 7, 8, 9 и 13 в дальнейшем ни одной не перемещают; остается небольшой участок в шесть полей, в котором одно свободно, а пять остальных заняты

1	2	3	4
5	6	7	8
9	10	11	12
13	14	15	

Рис. 15.
Нормальное расположение шашек
(положение I)

1	2	3	4
5	6	7	8
9	10	11	12
13	15	14	

Рис. 16.
Неразрешимый случай
(положение II)

шашками 10, 11, 12, 14, 15 в произвольном порядке. В пределах этого шестиместного участка всегда можно привести на нормальные места шашки 10, 11, 12. Когда это достигнуто, то в последнем ряду шашки 14 и 15 окажутся размещенными либо в нормальном порядке, либо в обратном (**рис. 16**). Таким путем, который читатели легко могут проверить на деле, мы приходим к следующему результату.

Любое начальное положение может быть приведено к расположению либо **рис. 15** (положение I), либо **рис. 16** (положение II).

Если некоторое расположение, которое для краткости обозначим буквою *S*, может быть преобразовано в положение I, то, очевидно, возможно и обратное — перевести положение I в положение *S*. Ведь все ходы шашек обратимы: если, например, в схеме I мы можем шашку 12 поместить на свободное поле, то можно ход этот тотчас взять обратно противоположными движениями.

Итак, мы имеем две серии расположений таких, что положения одной серии могут быть переведены в нормальное I, а другой серии — в положение II. И, наоборот, из нормального расположения можно получить любое положение первой серии, а из расположения II — любое положение второй серии. Наконец, два любых расположения, принадлежащие к одной и той же серии, могут быть переводимы друг в друга.

Нельзя ли идти дальше и объединить эти два расположения — I и II? Можно строго доказать (не станем входить в подробности), что положения эти не превращаются одно в другое никаким числом ходов. Поэтому все огромное число размещений шашек распадается на две разобщенные серии: 1) на те, которые могут быть пере-

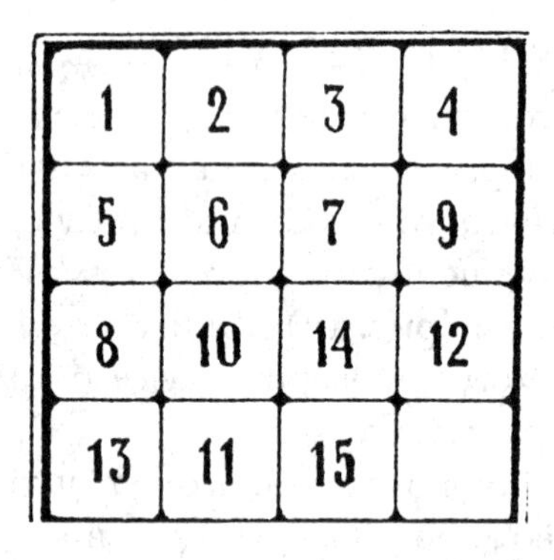

Рис. 17. Шашки не приведены в порядок

ведены в нормальное I: это — положения разрешимые; 2) на те, которые могут быть переведены в положение II и, следовательно, ни при каких обстоятельствах не переводятся в нормальное расположение: это — положения, за разрешение которых назначались огромные премии.

Как узнать, принадлежит ли заданное расположение к первой или ко второй серии? Пример разъяснит это.

Рассмотрим расположение, представленное на **рис. 17**. Первый ряд шашек в порядке, как и второй, за исключением последней шашки (9). Эта шашка занимает место, которое в нормальном расположении принадлежит 8. Шашка 9 стоит, значит, ранее шашки 8: такое упреждение нормального порядка называют «беспорядком». О шашке 9 мы скажем: «Здесь имеет место 1 беспорядок». Рассматривая дальнейшие шашки, обнаруживаем упреждение для шашки 14; она поставлена на три места (шашек 12, 13, 11) ранее своего нормального положения; здесь у нас 3 беспорядка

(14 ранее 12; 14 ранее 13; 14 ранее 11). Всего мы насчитали уже 1 + 3 = 4 беспорядка. Далее, шашка 12 помещена ранее шашки 11, и точно так же шашка 13 — ранее шашки 11. Это дает еще 2 беспорядка. Итого, имеем 6 беспорядков. Подобным образом для каждого расположения устанавливают общее число беспорядков, освободив предварительно последнее место в правом нижнем углу. Если общее число беспорядков, как в рассмотренном случае, четное, то заданное расположение может быть приведено к нормальному конечному; другими словами, оно принадлежит к разрешимым. Если же число беспорядков нечетное, то расположение принадлежит ко второй серии, т. е. к неразрешимым (ноль беспорядков принимается за четное число их).

Благодаря ясности, внесенной в эту игру математикой, прежняя лихорадочная страсть в увлечении сейчас совершенно немыслима. Математика создала исчерпывающую теорию игры, теорию, не оставляющую ни одного сомнительного пункта. Исход игры зависит не от каких-либо случайностей, не от находчивости, как в других играх, а от чисто математических факторов, предопределяющих его с безусловной достоверностью».

Обратимся теперь к головоломкам в этой области. Вот несколько разрешимых задач, придуманных изобретателем игры.

22. Первая задача Лойда

Исходя из расположения, показанного на рис. 15, привести шашки в правильный порядок, но со свободным полем в левом верхнем углу (**рис. 18**).

	1	2	3
4	5	6	7
8	9	10	11
12	13	14	15

Рис. 18. К первой задаче Самуэля Лойда

4	8	12	
3	7	11	15
2	6	10	14
1	5	9	13

Рис. 19. Ко второй задаче Самуэля Лойда

23. Вторая задача Лойда

Исходя из расположения **рис. 15**, поверните коробку на четверть оборота и передвигайте шашки до тех пор, пока они не примут расположения **рис. 19**.

24. Третья задача Лойда

Передвигая шашки согласно правилам игры, превратите коробку в магический квадрат, а именно: разместите шашки так, чтобы сумма чисел была во всех направлениях равна 30.

КРОКЕТ[1]

Крокетным игрокам предлагаю следующие пять задач.

[1] Крокет — игра не такая уж старая. В начале века в нее любили играть в различных странах. Потом на какое-то время крокет был забыт, а сейчас интерес к нему возрождается снова.

В России в крокет играли так. На земле или на траве разбивали площадку — поле (**рис. 20**). На поле каждая из команд вбивала по

25. Пройти ворота или крокировать?

Крокетные ворота имеют прямоугольную форму. Ширина их вдвое больше диаметра шара. При таких условиях что легче: свободно, не задевая проволоки, пройти с наилучшей позиции ворота или с такого же расстояния крокировать шар?

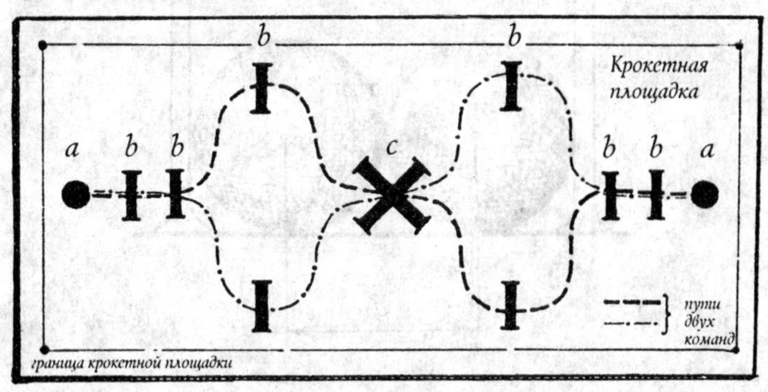

Рис. 20. Схема игры в крокет

колышку (*a*), в определенном порядке расставляли проволочные дужки — ворота (*b*), а посредине между колышками ставили двое ворот крест-накрест — мышеловку (*c*). Каждый из игроков начинает от «своего» колышка. Цель игры состоит в том, чтобы, ударяя деревянным молотком по шару, провести свой шар через ворота и, попав в колышек противника, постараться вернуться к своему колышку. Не следует забывать и о противнике: нужно по мере возможности помешать ему достичь своего колышка.

Игроки делают по одному удару поочередно, но могут получить право на дополнительный удар, если им удается провести шар через ворота и попасть своим шаром по другому шару — «крокировать».

Нельзя только «попасть на кол», или «заколоться», — преждевременно ударить шаром по своему колышку.

Искусные игроки набирают очки, выводя шары на удобные позиции, и получают право на дополнительные удары, умудряясь за один раз пройти часть ворот или даже все ворота. — *Прим. ред.*

26. Шар и столбик

Толщина крокетного столбика внизу — 6 см. Диаметр шара 10 см. Во сколько раз попасть в шар легче, чем с такого же расстояния заколоться?

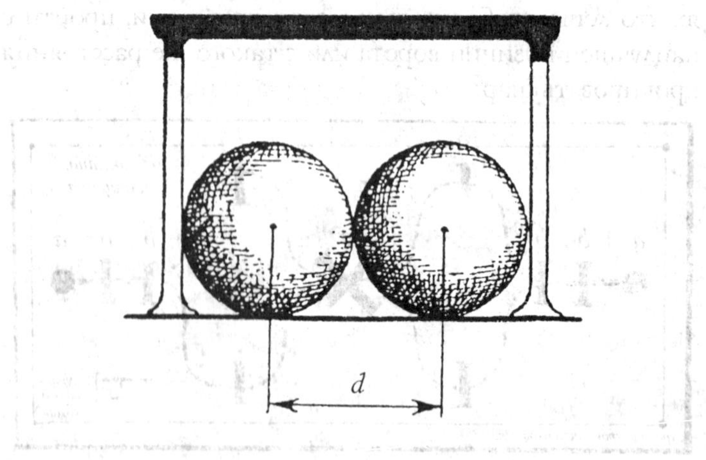

27. Пройти ворота или заколоться?

Шар вдвое у́же прямоугольных ворот и вдвое шире столбика. Что легче: свободно пройти ворота с наилучшей позиции или с такого же расстояния заколоться?

28. Пройти мышеловку или крокировать?

Ширина прямоугольных ворот втрое больше диаметра шара. Что легче: свободно пройти в наилучшей позиции мышеловку или с такого же расстояния крокировать шар?

29. Непроходимая мышеловка

При каком соотношении между шириной прямоугольных ворот и диаметром шара пройти мышеловку становится невозможным?

РЕШЕНИЯ ГОЛОВОЛОМОК 15–29

ДОМИНО

15. Для упрощения задачи отложим пока в сторону все 7 двойных косточек: 0–0, 1–1, 2–2 и т. д. Останется 21 косточка, на которых каждое число очков повторяется 6 раз. Например, 4 очка имеется (на одном поле) на следующих 6 косточках:

4–0; 4–1; 4–2; 4–3; 4–5; 4–6.

Итак, каждое число очков повторяется, как мы видим, четное число раз. Ясно, что косточки такого набора можно приставлять одну к другой равными числами очков до исчерпания всего набора. А когда это сделано, когда наши 21 косточка вытянуты в непрерывную цепь, тогда между стыками 0–0, 1–1, 2–2 и т. д. вдвигаем отложенные 7 двойняшек. После этого все 28 косточек домино оказываются вытянутыми, с соблюдением правил игры, в одну цепь.

16. Легко показать, что цепь из 28 костей домино должна кончаться тем же числом очков, каким она начинается. В самом деле: если бы было не так, то числа очков, оказавшиеся на концах цепи, повторялись бы нечетное число раз (внутри цепи числа очков лежат ведь парами); мы знаем, однако, что в полном наборе костей домино каждое число очков повторяется 8 раз, т. е. четное число раз. Следовательно, сделанное нами допущение о неодинаковом числе очков на концах цепи неправильно: числа очков должны быть одинаковы. (Такого рода рассуждения, как эти, в математике называются «доказательствами от противного».)

Между прочим, из сейчас доказанного свойства цепи вытекает следующее любопытное следствие: цепь из 28 косточек всегда можно сомкнуть концами и получить кольцо. Полный набор костей домино может быть, значит, выложен, с соблюдением правил игры, не только в цепь со свободными концами, но также и в замкнутое кольцо.

Читателя может заинтересовать вопрос: сколькими различными способами выполняется такая цепь или кольцо? Не входя в утомительные подробности расчета, скажем здесь, что число различных способов составления 28-косточковой цепи (или кольца) огромно: свыше 7 биллионов. Вот точное число:

7 959 229 931 520

(оно представляет собою произведение следующих множителей: $2^{13} \times 3^{8} \times 5 \times 7 \times 4231$).

17. Решение этой головоломки вытекает из только что сказанного. 28 косточек домино, как мы знаем, всегда выкладываются в сомкнутое кольцо; следовательно, если из этого кольца вынуть одну косточку, то

1) остальные 27 косточек составят непрерывную цепь с разомкнутыми концами;

2) концевые числа очков этой цепи будут те, которые имеются на вынутой косточке.

Спрятав одну кость домино, мы можем поэтому заранее сказать, какие числа очков будут на концах цепи, составленной из прочих костей.

18. Сумма очков всех сторон искомого квадрата должна равняться 44 × 4 = 176, т. е. на 8 больше, чем сумма очков на косточках полного набора домино (168). Происходит это, конечно, оттого, что числа очков, занимающих вершины квадрата, считаются дважды. Ска-

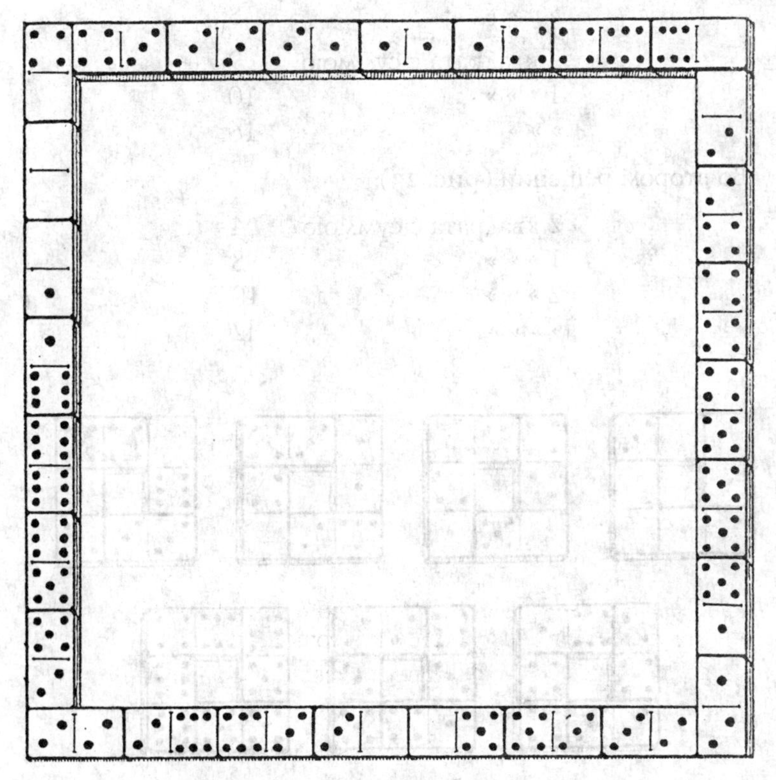

Рис. 21

занным определяется, какова должна быть сумма очков на вершинах квадрата: 8. Это несколько облегчает поиски требуемого расположения, хотя нахождение его все же довольно хлопотливо. Решение показано на **рис. 21.**

19. Приводим два решения этой задачи из числа многих возможных. В первом решении (**рис. 22**) имеем:

1 квадрат с суммою 3
» » » » 6
» » » » 8
2 квадрата с суммою 9
1 » » » 10
» » » 16

Во втором решении (**рис. 23**):

2 квадрата с суммою 4
1 » » » 8
2 » » » 10
» » » » 12

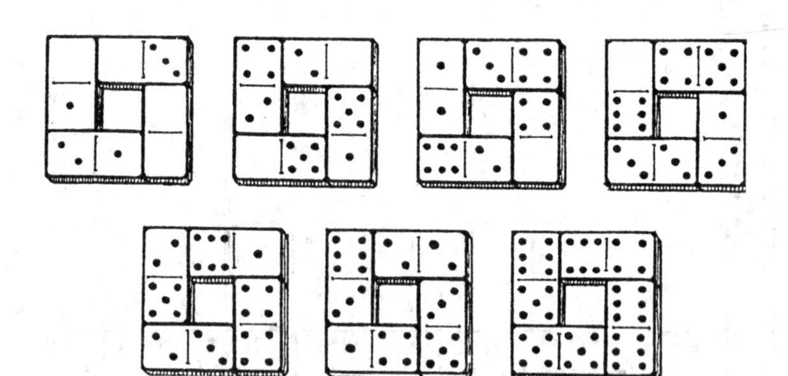

Рис. 22

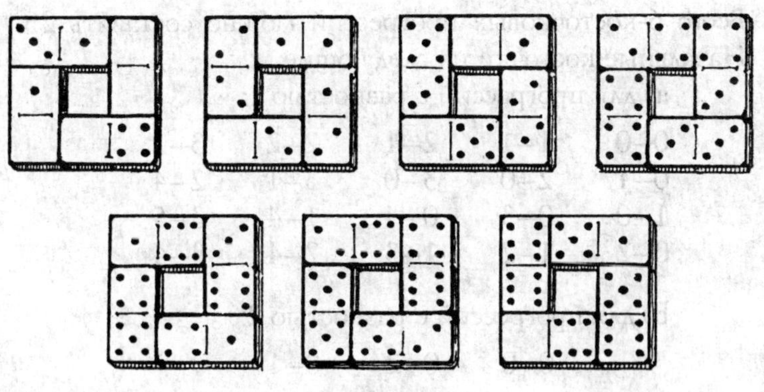

Рис. 23

20. На **рис. 24** дан образчик магического квадрата с суммою очков в ряду 18.

21. Вот в виде примера две прогрессии с разностью 2:

a) 0–0; 0–2; 0–4; 0–6; 4–4 (или 3–5); 5–5 (или 4–6).
b) 0–1; 0–3 (или 1–2); 0–5 (или 2–3); 1–6 (или 3–4); 3–6 (или 4–5); 5–6.

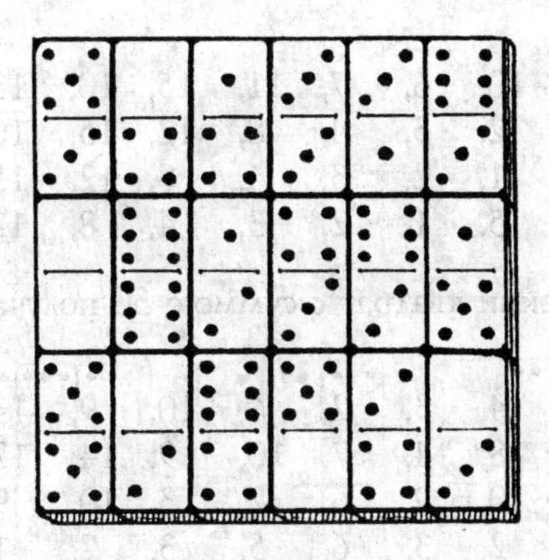

Рис. 24

Всего 6-косточковых прогрессий можно составить 23. Начальные косточки их следующие:

a) для прогрессий с разностью 1:

0–0	1–1	2–1	2–2	3–2
0–1	2–0	3–0	3–1	2–4
1–0	0–3	0–4	1–4	3–5
0–2	1–2	1–3	2–4	3–4

b) для прогрессий с разностью 2:

0–0 0–2 0–1

22. Расположение задачи может быть получено из начального положения следующими 44 ходами:

14, 11, 12, 8, 7, 6, 10, 12, 8, 7,
4, 3, 6, 4, 7, 14, 11, 15, 13, 9,
12, 8, 4, 10, 8, 4, 14, 11, 15, 13,
9, 12, 4, 8, 5, 4, 8, 9, 13, 14,
10, 6, 2, 1.

23. Расположение задачи достигается следующими 39 ходами:

15, 14, 10, 6, 7, 11, 15, 10, 13, 9,
5, 1, 2, 3, 4, 8, 12, 15, 10, 13,
9, 5, 1, 2, 3, 4, 8, 12, 15, 14,
13, 9, 5, 1, 2, 3, 4, 8, 12.

24. Магический квадрат с суммою 30 получается после ряда ходов:

12, 8, 4, 3, 2, 6, 10, 9, 13, 15,
14, 12, 8, 4, 7, 10, 9, 14, 12, 8,
4, 7, 10, 9, 6, 2, 3, 10, 9, 6,
5, 1, 2, 3, 6, 5, 3, 2, 1, 13,
14, 3, 2, 1, 13, 14, 3, 12, 15, 3.

КРОКЕТ

Занимаясь головоломками, относящимися к домино и к игре «15», мы оставались в пределах арифметики. Переходя к головоломкам на крокетной площадке, мы вступаем отчасти в область геометрии.

25. Даже опытный игрок скажет, вероятно, что при указанных условиях пройти ворота легче, чем крокировать: ведь ворота вдвое шире шара. Однако такое представление ошибочно: ворота, конечно, шире, нежели шар, но свободный проход для шара через ворота вдвое уже, чем мишень для крокировки.

Взгляните на **рис. 25**, и сказанное станет вам ясно. Центр шара не должен приближаться к проволоке ворот меньше чем на величину радиуса, иначе шар заденет проволоку. Значит, для центра шара останется мишень на два радиуса меньше ширины ворот. Легко видеть, что в условиях нашей задачи ширина мишени при прохождении ворот с наилучшей позиции равна диаметру шара.

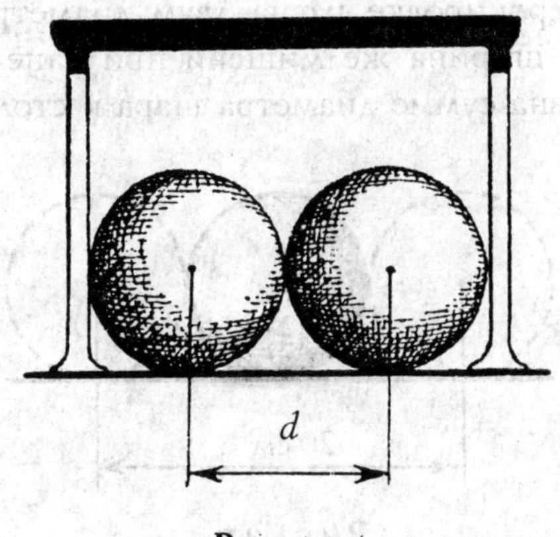

Рис. 25

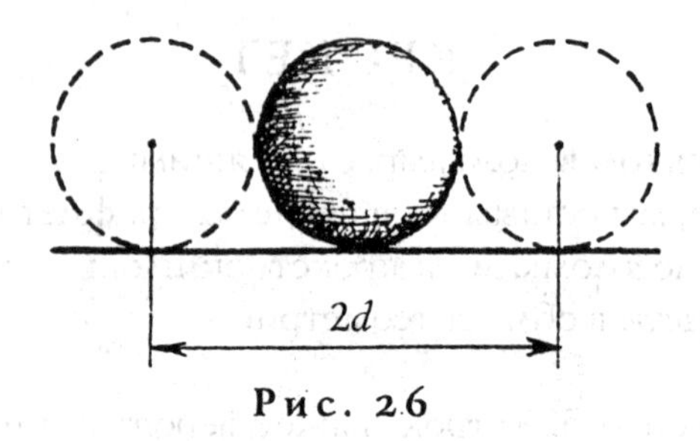

Рис. 26

Посмотрим теперь, как велика ширина мишени для центра движущегося шара при крокировке. Очевидно, что, если центр крокирующего приблизится к центру крокируемого меньше чем на радиус шара, удар обеспечен. Значит, ширина мишени в этом случае, как видно из **рис. 26**, равна двум диаметрам шара.
Итак, вопреки мнению игроков, при данных условиях вдвое легче попасть в шар, нежели свободно пройти ворота с самой лучшей позиции.

26. После сейчас сказанного эта задача не требует долгих разъяснений. Легко видеть (**рис. 27**), что ширина цели при крокировке равна двум диаметрам шара, т. е. 20 см; ширина же мишени при нацеливании в столбик равна сумме диаметра шара и столбика, т. е.

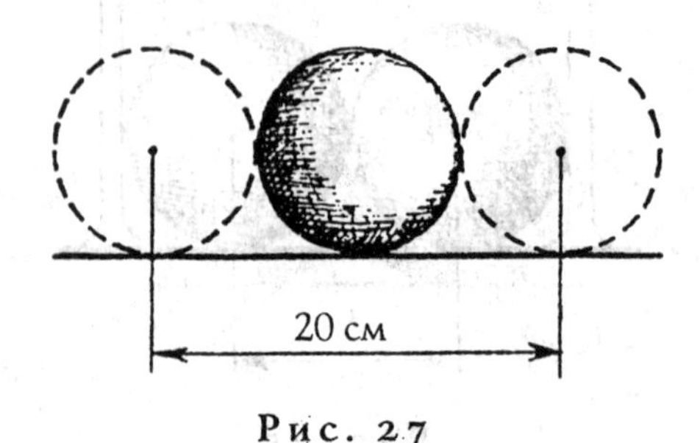

Рис. 27

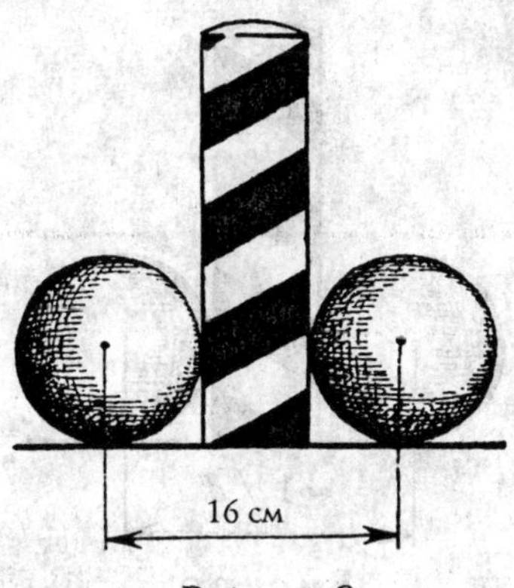

Рис. 28

16 см (**рис. 28**). Значит, крокировать легче, чем заколоться в

$$20 : 16 = 1^1/_4 \text{ раза},$$

всего на 25 %. Игроки же обычно сильно преувеличивают шансы крокировки по сравнению с попаданием в столбик.

27. Иной игрок рассудит так: раз ворота вдвое шире, чем шар, а столбик вдвое уже шара, то для свободного

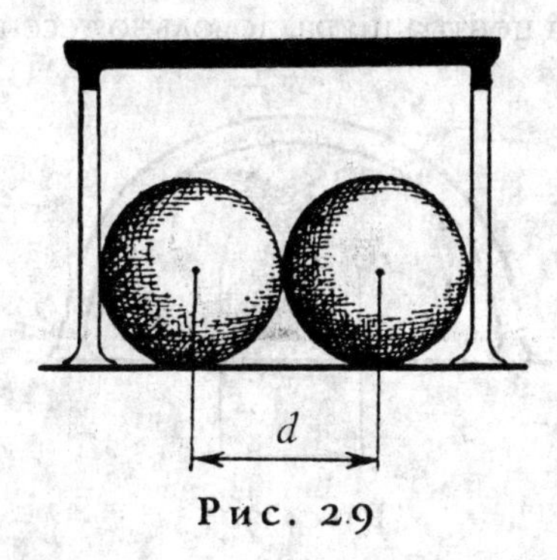

Рис. 29

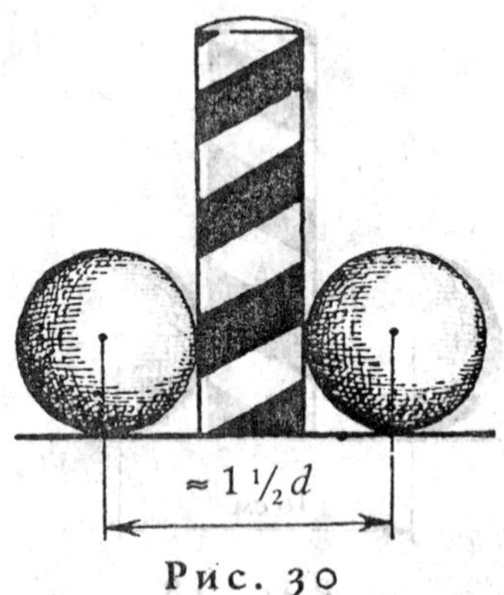

Рис. 30

прохода ворот мишень вчетверо шире, чем для попадания в столбик. Наученный предыдущими задачами, читатель наш подобной ошибки не сделает. Он сообразит, что для прицела в столбик мишень в $1^1/_2$ раза шире, чем для прохода ворот с наилучшей позиции. Это ясно из рассмотрения **рис. 29** и 30.

(Если бы ворота были не прямоугольные, а выгнутые дугой, проход для шара был бы еще уже — как легко сообразить из рассмотрения **рис. 31**.)

28. Из **рис. 32** и **33** видно, что промежуток *a*, остающийся для прохода центра шара, довольно тесен при указан-

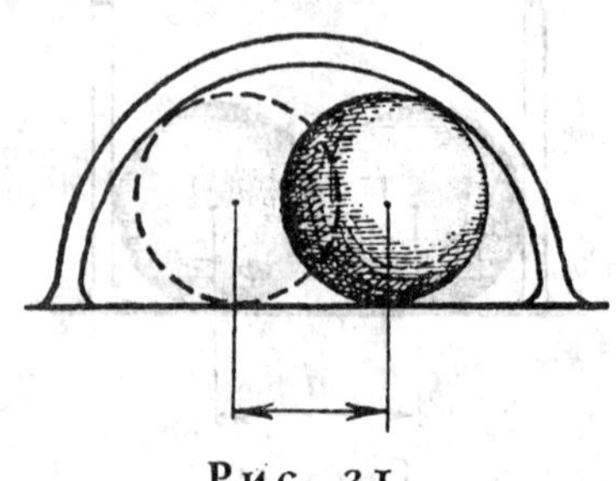

Рис. 31

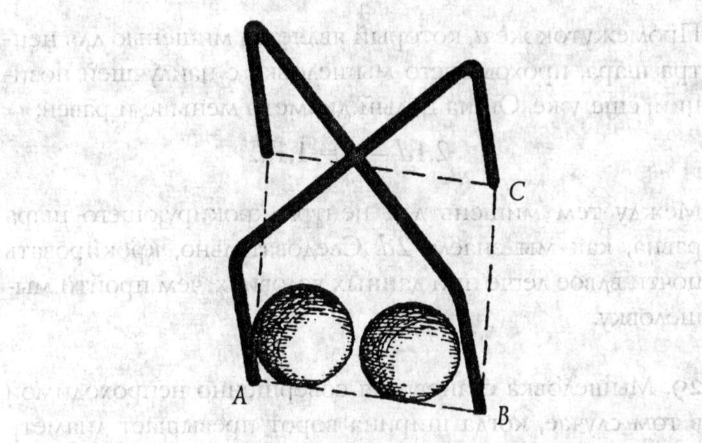

Рис. 32

ных в задаче условиях. Знакомые с геометрией знают, что сторона (*AB*) квадрата меньше его диагонали (*AC*) приблизительно в 1,4 раза. Если ширина ворот $3d$ (где d — диаметр шара), то *AB* равно:

$$3d : 1{,}4 = 2{,}1d.$$

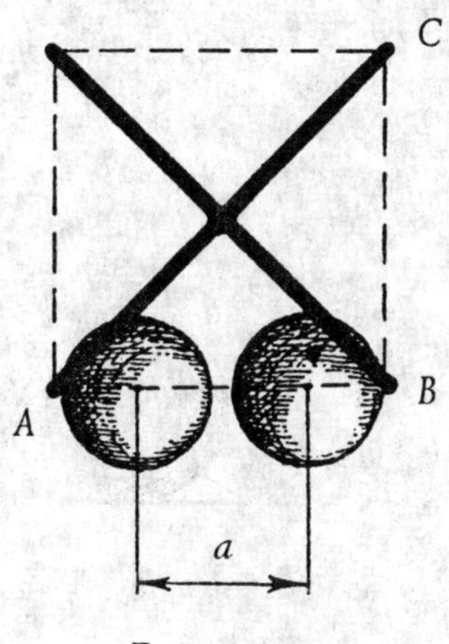

Рис. 33

Промежуток же *a*, который является мишенью для центра шара, проходящего мышеловку с наилучшей позиции, еще у́же. Он на целый диаметр меньше и равен:

$$2{,}1d - d = 1{,}1d.$$

Между тем мишень для центра крокирующего шара равна, как мы знаем, $2d$. Следовательно, крокировать почти вдвое легче при данных условиях, чем пройти мышеловку.

29. Мышеловка становится совершенно непроходимой в том случае, когда ширина ворот превышает диаметр шара менее чем в 1,4 раза. Это вытекает из объяснения, данного в предыдущей задаче. Если ворота дугообразные, условия прохождения еще сильнее ухудшаются.

Глава третья

ЕЩЕ ДЮЖИНА ГОЛОВОЛОМОК

30. Веревочка[1]

— Еще веревочку? — спросила мать, вытаскивая руки из лоханки с бельем. — Можно подумать, что я вся веревочная. Только и слышишь: веревочку да веревочку. Ведь я вчера дала тебе порядочный клубок. На что тебе такая уйма? Куда ты ее девал?

— Куда девал бечевочку? — отвечал мальчуган. — Во-первых, половину ты сама взяла обратно...

— А чем же прикажешь мне обвязывать пакеты с бельем?

— Половину того, что осталось, взял у меня Том, чтобы удить в канаве колюшек.

— Старшему брату ты всегда должен уступать.

— Я и уступил. Осталось совсем немного, да из того еще папа взял половину для починки подтяжек, которые лопнули у него от смеха, когда случилась беда с автомобилем. А после — понадобилось еще сестре взять три пятых оставшегося, чтобы завязать свои волосы узлом...

— Что же ты сделал с остальной бечевкой?

— С остальной? Остальной-то было всего-навсего 30 см! Вот и устраивай телефон из такого обрывка...

Какую же длину имела бечевка первоначально?

31. Число сапог[2]

Сколько штук сапог необходимо заготовить для городка, третья часть обитателей которого одноногие, а половина остальных предпочитает ходить босиком?

---

[1] Эта головоломка принадлежит английскому беллетристу Барри Пэну.

[2] Эта задача-шутка заимствована из английского ежемесячника «Стренд мэ́газин».

32. Долговечность волоса

Сколько в среднем волос на голове человека? Сосчитано[1]: около 150 000. Определено также, сколько их в среднем выпадает в месяц: около 3000.

Как по этим данным высчитать, сколько времени — в среднем, конечно, — держится на голове каждый волос?

33. Зарплата

Мой заработок за последний месяц вместе со сверхурочными составляет 250 руб. Основная плата на 200 руб. больше, чем сверхурочные. Как велика моя зарплата без сверхурочных?

34. Лыжный пробег

Лыжник рассчитал, что если он станет пробегать в час 10 км, то прибудет на место назначения часом позже полудня; при скорости же 15 км в час он прибыл бы часом раньше полудня.

С какой же скоростью должен он бежать, чтобы прибыть на место ровно в полдень?

[1] Многих удивляет, как могли узнать: неужели пересчитали один за другим все волосы на голове? Нет, этого не делали: сосчитали лишь, сколько волос на 1 кв. см поверхности головы. Зная это и зная поверхность кожи, покрытой волосами, легко уже определить общее число волос на голове. Короче сказать, число волос сосчитано анатомами таким же приемом, каким пользуются лесоводы при пересчете деревьев в лесу.

35. Двое рабочих

Двое рабочих, старик и молодой, живут в одной квартире и работают на одном заводе. Молодой доходит от дома до завода за 20 мин, старый — за 30 мин. Через сколько минут молодой догонит старого, если последний выйдет из дому 5-ю минутами раньше его?

36. Переписка доклада

Переписка доклада поручена двум машинисткам. Более опытная из них могла бы выполнить всю работу за 2 часа, менее опытная — за 3 часа.
За сколько времени перепишут они этот доклад, если разделят между собой работу так, чтобы выполнить ее в кратчайший срок?
Задачи такого рода обычно решают по образцу знаменитой задачи о бассейнах. А именно, в нашей задаче

Рис. 34. С какой скоростью он должен бежать?

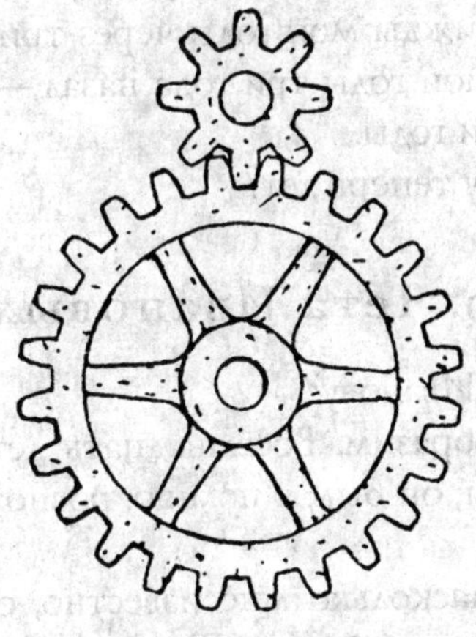

Рис. 35

находят, какую долю всей работы выполняет в час каждая переписчица; складывают обе дроби и делят единицу на эту сумму. Не можете ли вы придумать новый способ решения подобных задач, отличный от шаблонного?

37. Две зубчатки

Шестеренка о 8 зубцах сцеплена с колесом, имеющим 24 зубца (**рис. 35**). При вращении большего колеса шестеренка обходит кругом него.

Спрашивается, сколько раз обернется шестеренка вокруг своей оси за то время, пока она успеет сделать один полный оборот вокруг большей зубчатки?

38. Сколько лет?

У любителя головоломок спросили, сколько ему лет. Ответ был замысловатый:

— Возьмите трижды мои годы через три года да отнимите трижды мои годы три года назад — у вас как раз и получатся мои годы.
Сколько же ему теперь лет?

39. Чета Ивановых

— Сколько лет Иванову?
— Давайте сообразим. Восемнадцать лет назад, в год своей женитьбы, он был, я помню, ровно втрое старше своей жены.
— Позвольте, насколько мне известно, он теперь как раз вдвое старше своей жены. Это другая жена?
— Та же. И потому нетрудно установить, сколько сейчас лет Иванову и его жене. Сколько, читатель?

40. Игра

Когда мы с товарищем начали игру, у нас было денег поровну. В первый кон я выиграл 20 коп. Во второй я проиграл две трети того, что имел на руках, и тогда у меня оказалось денег вчетверо меньше, чем у товарища.
С какими деньгами мы начали игру?

41. Покупки

Отправляясь за покупками, я имел в кошельке около 15 рублей отдельными рублями и двугривенными. Возвратившись, я принес столько отдельных рублей, сколько было у меня первоначально двадцатикопеечных монет, и столько двадцатикопеечных монет, сколько имел я раньше отдельных рублей. Всего же уцелела у меня

в кошельке треть той суммы, с какой я отправился за покупками.
Сколько стоили покупки?

РЕШЕНИЯ ГОЛОВОЛОМОК 30—41

30. После того как мать взяла половину, осталась $^1/_2$; после заимствования старшего брата осталась $^1/_4$; после отца — $^1/_8$; после сестры — $^1/_8 \times {}^3/_5 = {}^3/_{40}$. Если 30 см составляют $^3/_{40}$ первоначальной длины, то вся длина равна $30 : {}^3/_{40} = 400$ см, или 4 м.

31. Так как число жителей городка неизвестно, то ответ на вопрос этой полушуточной головоломки возможен лишь в такой форме, достаточно, впрочем, определенной: «Требуется столько штук сапог, сколько в городке жителей».
В самом деле. Пусть число жителей равно n. Тогда для снабжения одноногих требуется $^n/_3$ штук сапог. Из прочих $^{2n}/_3$ жителей нуждается в обуви только половина — $^n/_3$; а так как каждому из этой части населения нужно по два сапога, то им требуется $^2/_3$ штук. Всего же для городка следует заготовить

$$\frac{n}{3}+\frac{2n}{3}=n,$$

т. е. столько штук, сколько в городке жителей.

32. Позже всего выпадает, конечно, тот волос, который сегодня моложе всех, т. е. возраст которого 1 день.
Посмотрим же, через сколько времени дойдет до него очередь выпасть. В первый месяц из тех 150 000 волос,

которые сегодня имеются на голове, выпадет 3 тысячи, в первые два месяца — 6 тысяч, в течение первого года — 12 раз по 3 тысячи, т. е. 36 тысяч. Пройдет, следовательно, четыре года с небольшим, прежде чем наступит черед выпасть последнему волосу. Так определилась у нас средняя долговечность человеческого волоса: четыре с небольшим года.

33. Многие, не подумав, отвечают: 200 руб. Это неверно: ведь тогда основная зарплата будет больше сверхурочных только на 150 руб., а не на 200.

Задачу нужно решать так. Мы знаем, что если к сверхурочным прибавить 200 руб., то получим основную зарплату. Поэтому если к 250 руб. прибавим 200 руб., то у нас должны составиться две основные зарплаты. Но 250 + 200 = 450. Значит, двойная основная зарплата составляет 450. Отсюда одна зарплата без сверхурочных равна 225 руб., сверхурочные же составят остальное от 250 руб., т. е. 25 руб.

Проверим: зарплата, 225 руб., больше сверхурочных, т. е. 25 руб., на 200 руб., — как и требует условие задачи.

34. Эта задача любопытна в двух отношениях: во-первых, она легко может внушить мысль, что искомая скорость есть средняя между 10 км и 15 км в час, т. е. равна $12^1/_2$ км в час. Нетрудно убедиться, что такая догадка неправильна. Действительно, если длина пробега а километров, то при 15-километровой скорости лыжник будет в пути $^a/_{15}$ часов, при 10-километровой — $^a/_{10}$, при $12^1/_2$-километровой — $\frac{a}{19^1/_2}$, или $^{2a}/_{25}$. Но тогда должно существовать равенство

$$\frac{2a}{25}-\frac{a}{15}=\frac{a}{10}-\frac{2a}{25},$$

потому что каждая из этих разностей равна одному часу. Сократив на *а*, имеем

$$\frac{2}{25} - \frac{1}{15} = \frac{1}{10} - \frac{2}{25},$$

или, по свойству арифметической пропорции:

$$\frac{4}{25} = \frac{1}{15} + \frac{1}{10},$$

равенство неверное:

$$\frac{1}{15} + \frac{1}{10} = \frac{1}{6},$$

т. е. $^4/_{24}$, а не $^4/_{25}$.

Вторая особенность задачи та, что она может быть решена не только без помощи уравнений, но даже просто устным расчетом.

Рассуждаем так. Если бы при 15-километровой скорости лыжник находился в пути на два часа дольше (т. е. столько же, сколько при 10-километровой), то он прошел бы путь на 30 км больший, чем прошел в действительности. В один час, мы знаем, он проходит на 5 км больше; значит, он находился бы в пути 30 : 5 = 6 ч. Отсюда определяется продолжительность пробега при 15-километровой скорости: 6 – 2 = 4 ч. Вместе с тем становится известным и проходимое расстояние:

$$15 \times 4 = 60 \text{ км}.$$

Теперь легко уже найти, с какой скоростью должен лыжник идти, чтобы прибыть на место ровно в полдень, — иначе говоря, чтобы употребить на пробег 5 час.

$$60 : 5 = 12 \text{ км}.$$

Легко убедиться испытанием, что этот ответ правилен.

35. Задачу можно решить, не обращаясь к уравнению, и притом различными способами.

Вот первый прием. Молодой рабочий проходит за 5 мин $^1/_4$ пути, старый — $^1/_6$ пути, т. е. меньше, чем молодой, на

$$\frac{1}{6} - \frac{1}{6} = \frac{1}{12},$$

Так как старый опередил молодого на $^1/_6$ пути, то молодой настигнет его через

$$\frac{1}{6} : \frac{1}{12} = 2$$

пятиминутных промежутка, иначе говоря, через 10 мин.

Другой пример проще. На прохождение всего пути старый рабочий тратит на 10 мин больше молодого. Выйди старик на 10 мин раньше молодого, оба пришли бы на завод в одно время. Если старик вышел только на 5 мин раньше, то молодой должен нагнать его как раз посередине пути, т. е. спустя 10 мин (весь путь молодой рабочий проходит за 20 мин).

Возможны еще и другие арифметические решения.

36. Нешаблонный путь решения задачи таков. Прежде всего поставим вопрос: как должны машинистки поделить между собою работу, чтобы закончить ее одновременно? (Очевидно, что только при таком условии, т. е. при отсутствии простоя, работа будет выполнена в кратчайший срок.) Так как более опытная машинистка пишет в $1^1/_2$ раза быстрее менее опытной, то ясно, что доля первой должна быть в $1^1/_2$ раза больше доли второй — тогда обе кончат писать одновременно. Отсюда следует, что первая должна взяться переписывать $^3/_5$ доклада, вторая — $^2/_5$.

Собственно, задача уже почти решена. Остается только найти, за сколько времени первая машинистка выполнит свои $^3/_5$ работы. Всю работу она может сделать, мы знаем, за 2 часа; значит, $^3/_5$ работы будет выполнено за $2 \times {^3/_5} = 1^1/_5$ часа. За такое же время должна сделать свою долю работы и вторая машинистка.

Итак, кратчайший срок, в какой может быть переписан доклад обеими машинистками, — 1 час 12 мин.

37. Если вы думаете, что шестеренка обернется три раза, то ошибаетесь: она сделает не три, а четыре оборота.

Чтобы наглядно уяснить себе, в чем тут дело, положите перед собою на гладком листе бумаги две одинаковые монеты, например два двугривенных, так, как показано на **рис. 36.** Придерживая рукой нижнюю монету, катите по ее ободу верхнюю. Вы заметите неожиданную вещь: когда верхняя монета обойдет нижнюю наполовину и окажется внизу, она успеет сделать уже полный оборот вокруг своей оси; это будет видно по положению

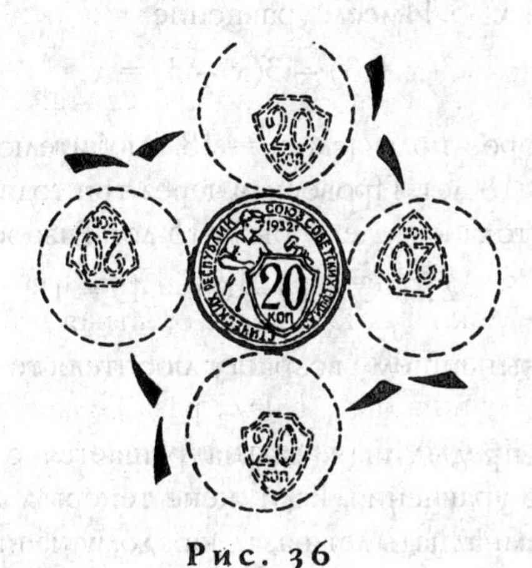

Рис. 36

цифр на монете. А обходя неподвижную монету кругом, монета наша успеет обернуться не один, а два раза. Вообще, когда тело, вертясь, движется по кругу, оно делает одним оборотом больше, чем можно насчитать непосредственно. По той же причине и наш земной шар, обходя вокруг Солнца, успевает обернуться вокруг своей оси не 365 с четвертью, а 366 с четвертью раз, если считать обороты не по отношению к Солнцу, а по отношению к звездам. Вы понимаете теперь, почему звездные сутки короче солнечных.

38. Через трижды три года загадчик будет на 9 лет старше, чем теперь. Трижды три года назад он был на 9 лет моложе, чем теперь. Разница лет, следовательно, составляет 9 + 9, т. е. 18 лет. Это и есть возраст загадчика, согласно условию задачи.
Несложно решается задача и в том случае, если, обратившись к услугам алгебры, составить уравнение. Искомое число лет обозначим буквой x. Возраст спустя три года надо тогда обозначить через $x + 3$, возраст три года назад — через $x-3$. Имеем уравнение

$$3(x + 3) - 3(x - 3) = x,$$

решив которое получаем $x = 18$. Любителю головоломок теперь 18 лет. Проверим: через три года ему будет 21 год; три года назад ему было 15 лет. Разность

$$3 \times 21 - 3 \times 15 = 63 - 45 = 18,$$

т. е. равна нынешнему возрасту любителя головоломок.

39. Как и предыдущая, задача решается с помощью несложного уравнения. Если жене теперь x лет, то мужу $2x$. Восемнадцать лет назад каждому из них было на

18 лет меньше: мужу $2x - 18$, жене $x - 18$. При этом известно, что муж был тогда втрое старше жены:

$$3(x - 18) = 2x - 18.$$

Решив это уравнение, получаем $x = 36$: жене теперь 36 лет, мужу 72.

40. Пусть в начале игры у каждого было x копеек. После первого кона у одного игрока стало $x+20$, у другого $x-20$. После второго кона прежде выигравший партнер потерял $^2/_3$ своих денег; следовательно, у него осталось

$$\frac{1}{3}(x + 20).$$

Другой партнер, имевший $x - 20$, получил $^2/_3\ (x + 20)$; следовательно, у него оказалось

$$x - 20 + \frac{2}{3}(x + 20) = \frac{5x - 20}{3},$$

Так как известно, что у первого игрока оказалось вчетверо меньше денег, чем у другого, то

$$\frac{4}{3}(x + 20) = \frac{5x - 20}{3},$$

откуда $x = 100$. У каждого игрока было в начале игры по одному рублю.

41. Обозначим первоначальное число отдельных рублей через x, а число двадцатикопеечных монет через y. Тогда, отправляясь за покупками, я имел в кошельке денег

$$100x + 20y \text{ коп.}$$

Возвратившись, я имел

$$100y + 20x \text{ коп.}$$

Последняя сумма, мы знаем, втрое меньше первой; следовательно,

$$3(100y + 20x) = 100x + 20y.$$

Упрощая это выражение, получаем

$$x = 7y.$$

Если $y = 1$, то $x = 7$. При таком допущении у меня первоначально будет денег 7 руб. 20 коп.; это не вяжется с условием задачи («около 15 рублей»).

Испытаем $y = 2$, тогда $x = 14$. Первоначальная сумма равнялась 14 руб. 40 коп., что хорошо согласуется с условием задачи.

Допущение $y = 3$ дает слишком большую сумму денег: 21 руб. 60 коп.

Следовательно, единственный подходящий ответ — 14 руб. 40 коп. После покупок осталось 2 отдельных рубля и 14 двугривенных, т. е. $200 + 280 = 480$ коп.; это действительно составляет треть первоначальной суммы ($1440 : 3 = 480$).

Израсходовано же было $1440 - 480 = 960$. Значит, стоимость покупок 9 руб. 60 коп.

Глава четвертая

Умеете ли вы считать?

Вопрос, пожалуй, даже обидный для человека старше трехлетнего возраста. Кто не умеет считать? Чтобы произносить подряд «один», «два», «три», особого искусства не требуется. И все же, я уверен, вы не всегда хорошо справляетесь с таким, казалось бы, простым делом. Все зависит от того, что считать. Нетрудно пересчитать гвозди в ящике. Но пусть в нем лежат не одни только гвозди, а вперемешку гвозди с винтами; требуется установить, сколько тех и других отдельно. Как вы тогда поступите? Разберете груду на гвозди и винты отдельно, а затем пересчитаете их?

Такая задача возникает и перед хозяйкой, когда ей приходится считать белье для стирки. Она раскладывает сначала белье по сортам: сорочки в одну кучу, полотенца в другую, наволочки в третью и т. д. И лишь провозившись с этой довольно утомительной работой, приступает она к счету штук в каждой кучке.

Вот это и называется не уметь считать! Потому что такой способ счета неоднородных предметов довольно неудобен, хлопотлив, а зачастую даже и вовсе не осуществим. Хорошо, если вам приходится считать гвозди или белье: их легко раскидать по кучкам. Но поставьте себя в положение лесовода, которому необходимо сосчитать, сколько на гектаре растет сосен, сколько на том же участке елей, сколько берез и сколько осин. Тут уж рассортировать деревья, сгруппировать их предварительно по породам нельзя. Что же, вы станете считать сначала только сосны, потом только ели, потом одни березы, затем осины? Четыре раза обойдете участок?

Нет ли способа сделать это проще, одним обходом участка? Да, такой способ есть, и им издавна пользуются работники леса. Покажу, в чем он состоит, на примере счета гвоздей и винтов.

Чтобы в один прием сосчитать, сколько в коробке гвоздей и сколько винтов, не разделяя их сначала по сортам, запаситесь карандашом и листком бумаги, разграфленным по такому образцу:

Гвоздей	Винтов

Затем начинайте счет. Берите из коробки первое, что попадется под руку. Если это гвоздь, вы делаете на листке бумаги черточку в графе гвоздей; если винт — отмечаете его черточкой в графе винтов. Берете вторую вещь и поступаете таким же образом. Берете третью вещь и т. д., пока не опорожнится весь ящик. К концу счета на бумажке окажется в графе гвоздей столько черточек, сколько было в коробке гвоздей, а в графе винтов — столько черточек, сколько было винтов. Остается только подытожить черточки на бумаге.

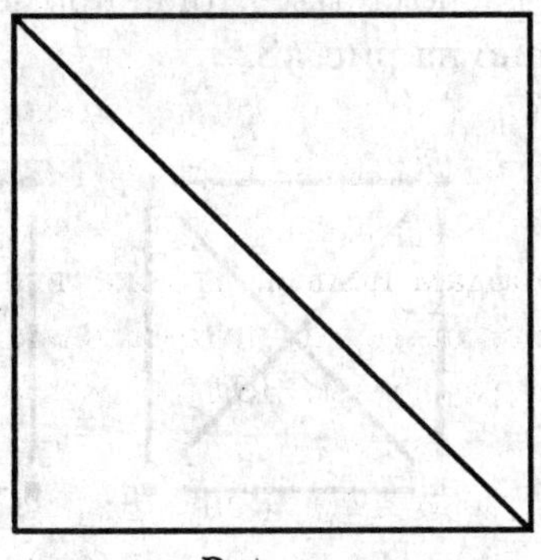

Рис. 37

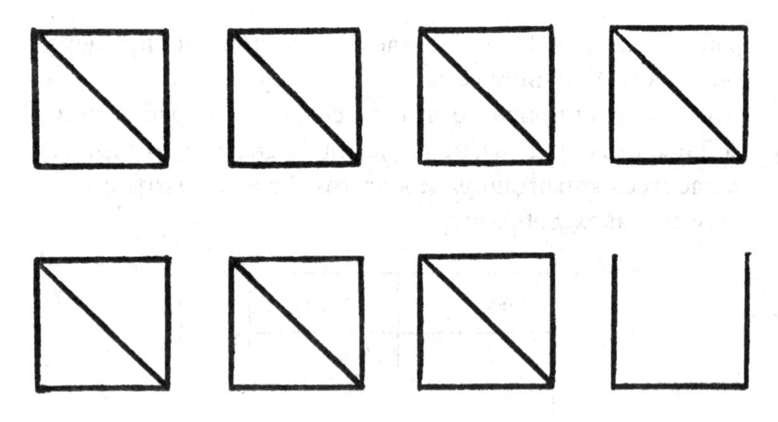

Рис. 38

Счет черточек можно упростить и ускорить, если не ставить их просто одну под другой, а собирать по пяти в такие, например, фигурки, какие изображены на **рис. 37**.

Квадратики этого вида лучше группировать парами, т. е. после первых 10 черточек ставить 11-ю в новую колонку; когда во второй колонке вырастут 2 квадрата, начинают следующий квадрат в третьей колонке и т. д. Черточки будут располагаться тогда примерно в таком виде, как показано на **рис. 38**.

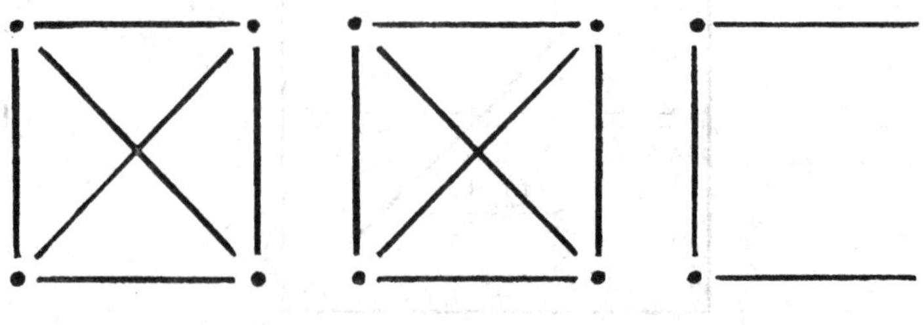

Рис. 39

Считать так расположенные черточки очень легко: вы сразу видите, что тут три полных десятка, один пяток и еще три черточки, т. е. всего 30 + 5 + 3 = 38.

Можно пользоваться фигурками и иного вида; часто, например, употребляют такие знаки, где каждый полный квадратик означает 10 (**рис. 39**).

При счете деревьев разных пород на участке леса вы должны поступить совершенно таким же образом, но на листке бумаги у вас будут уже не две графы, а четыре. Удобнее здесь иметь графы не стоячие, а лежачие. До подсчета листок имеет, следовательно, такой вид, как на **рис. 40**.

Сосен	
Елей	
Берёз	
Осин	

Рис. 40. Бланк для подсчета деревьев в лесу

Сосен	☒ ☒ ☒ ☒ ☒ ⊓ ☒ ☒ ☒ ☒ ☒
Елей	☒ ☒ ☒ ☒ ☒ ☒ ☒ ☒ ☒ ☒ ☒ ☒ ☒ ☒ ☒ □
Берёз	☒ ☒ ☒ ☒ ☒ ☒ ☒ ☒ ☒ ı
Осин	☒ ☒ ☒ ☒ ☒ ☒ ☒ Г

Рис. 41. Заполненный бланк рис. 40

В конце же подсчета получается на листке примерно то, что показано на рис. 41.

Подвести окончательный итог здесь очень легко:

Сосен	53
Берез	46
Елей	79
Осин	37

Тем же приемом счета пользуется и медик, считая под микроскопом, сколько во взятой пробе крови оказывается красных шариков и сколько белых.

Составляя список белья для стирки, хозяйка может поступить таким же образом, сберегая труд и время.

Если вам понадобится сосчитать, например, какие растения и в каком числе растут на небольшом участке луга, вы уже будете знать, как справиться с этой задачей в возможно короткий срок. На листке бумаги вы заранее выпишете названия замеченных растений, отведя для каждого особую графу и оставив несколько свободных граф про запас для тех растений, которые вам могут еще попасться. Вы начнете подсчет с такой, например, бумажкой, какая указана на **рис. 42**.

Дальше поступают так же, как и при подсчете на участке леса.

Для чего, собственно, надо считать деревья в лесу? Городским жителям это представляется даже и вовсе невозможным делом. В романе Л. Н. Толстого «Анна Каренина» знаток сельского хозяйства, Левин, спрашивает своего не сведущего в этом деле родственника, собирающегося продать лес:

«— Счел ли ты деревья?

Одуванчиков	
Лютиков	
Подорожников	
Звездчаток	
Пастушьей сумки	

Рис. 42. Как приступить к счету растений на участке луга

— Как счесть деревья?! — с удивлением отвечает тот. — «Счесть пески, лучи планет хотя и мог бы ум высокий...»
— Ну да, а ум высокий Рябинина (купца) может. И ни один мужик не купит, не считая».

Деревья в лесу считают для того, чтобы определить, сколько в нем кубических метров древесины. Пересчитывают деревья не всего леса, а определенного участка, в четверть или половину гектара, выбранного так, чтобы густота, состав, толщина и высота его деревьев были средние в данном лесу. Для удачного выбора такой «пробной площади» нужно, конечно, иметь опытный глаз.

При подсчете недостаточно определять число деревьев каждой породы; необходимо еще знать, сколько имеется стволов каждой толщины: сколько 25-сантиметровых, сколько 30-сантиметровых, 35-сантиметровых и т. д. В счетной ведомости окажется поэтому не четыре только графы, как в нашем упрощенном примере, а гораздо больше. Вы можете представить себе теперь,

какое множество раз пришлось бы обойти лес, если бы считать деревья обычным путем, а не так, как здесь объяснено.

Как видите, счет является простым и легким делом только тогда, когда считают предметы *однородные*. Если же надо приводить в известность число разнородных предметов, то приходится пользоваться особыми, объясненными сейчас приемами, о существовании которых многие и не подозревают.

Глава пятая

ЧИСЛОВЫЕ ГОЛОВОЛОМКИ

42. За пять рублей — сто

Один эстрадный счетчик на своих сеансах делал публике следующее удивительно заманчивое предложение:

— Объявляю при свидетелях, что плачу 100 рублей каждому, кто даст мне 5 рублей двадцатью монетами — полтинниками, двугривенными и пятаками. Сто рублей за пять! Кто желает?

Воцарялось молчание. Публика погружалась в размышление. Карандаши бегали по листкам записных книжек, но ответного предложения все же почему-то не поступало.

— Публика, я вижу, находит 5 рублей слишком высокой платой за сторублевый билет. Извольте, я готов скинуть два рубля и назначаю пониженную цену: 3 рубля двадцатью монетами названного достоинства. Плачу 100 рублей за 3! Желающие, составляйте очередь!

Но очередь не выстраивалась. Публика явно медлила воспользоваться редким случаем, и счетчик обращался с новым предложением:

— Неужели и 3 рубля дорого? Хорошо, понижаю сумму еще на рубль: уплатите указанными двадцатью монетами всего только 2 рубля, и я немедленно вручу предъявителю сто рублей.

Так как никто не выражал готовности совершить обмены, счетчик продолжал:

— Может быть, у вас нет при себе мелких денег? Не стесняйтесь этим, я поверю в долг. Дайте мне только на бумажке реестрик, сколько монет каждого достоинства вы обязуетесь доставить.

Со своей стороны, я также готов уплатить сто рублей каждому читателю, который пришлет мне на бумаге соответствующий реестр. Корреспонденцию направлять по адресу издательства на мое имя.

43. Тысяча

Можете ли вы число 1000 выразить восьмью восьмерками? (Кроме цифр, разрешается пользоваться также знаками действий.)

44. Двадцать четыре

Очень легко число 24 выразить тремя восьмерками: 8 + 8 + 8. Не можете ли вы сделать то же, пользуясь не восьмерками, а другими тремя одинаковыми цифрами? Задача имеет не одно решение.

45. Тридцать

Число тридцать легко выразить тремя пятерками: 5 × 5 + 5. Труднее сделать это тремя другими одинаковыми цифрами. Попробуйте. Может быть, вам удастся отыскать несколько решений?

46. Недостающие цифры

В этом примере умножения больше половины цифр заменено звездочками:

```
     * 1 *
   ×
     3 * 2
   -------
     * 3 *
 +
   3 * 2 *
 * 2 * 5
 ---------
 1 * 8 * 3 0
```

Можете ли вы восстановить недостающие цифры?

47. Какие числа?

Вот еще задача такого же рода. Требуется установить, какие числа перемножаются в примере:

```
    * * 5
  ×
    1 * *
  -------
    2 * * 5
+
  1 3 * 0
  * * *
  -------
  4 * 7 7 *
```

48. Что делили?

Восстановите недостающие цифры в примере деления:

```
  * 2 * 5 * | 325
_ * * *     |-----
            | 1 * *
  -------
  * 0 * *
_ * 9 * *
  -------
    * 5 *
_   * 5 *
  -------
```

49. Деление на 11

Напишите какое-нибудь девятизначное число, в котором нет повторяющихся цифр (все цифры разные) и которое делится без остатка на 11.
Напишите наибольшее из таких чисел. Напишите наименьшее из таких чисел.

50. Странные случаи умножения

Рассмотрите такой случай умножения двух чисел:

$$48 \times 159 = 7632.$$

Он замечателен тем, что в нем участвуют по одному разу все девять значащих цифр.
Можете ли вы подобрать еще несколько таких примеров? Сколько их, если они вообще существуют?

51. Числовой треугольник

В кружках этого треугольника (**рис. 43**) расставьте все девять значащих цифр так, чтобы сумма их на каждой стороне составляла 20.

52. Еще числовой треугольник

Все значащие цифры разместить в кружках того же треугольника (**рис. 43**) так, чтобы сумма их на каждой стороне равнялась 17.

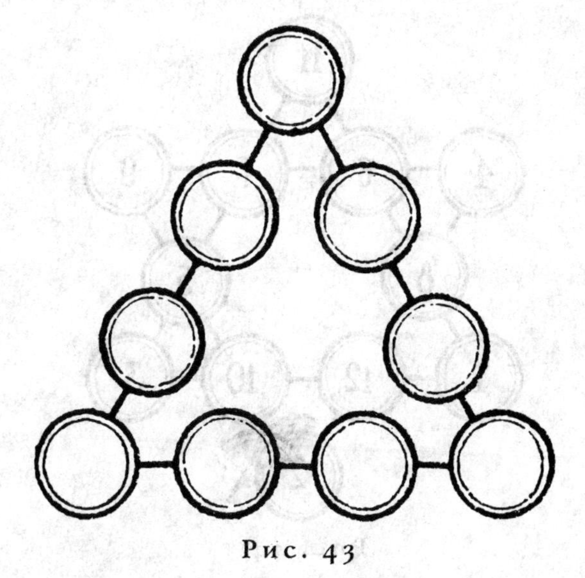

Рис. 43

53. Магическая звезда

Шестиконечная числовая звезда, изображенная на **рис. 44**, обладает «магическим» свойством: все шесть рядов чисел имеют одну и ту же сумму

$$4 + 6 + 7 + 9 = 26 \qquad 11 + 6 + 8 + 1 = 26$$
$$4 + 8 + 12 + 2 = 26 \qquad 11 + 7 + 5 + 3 = 26$$
$$9 + 5 + 10 + 2 = 26 \qquad 1 + 12 + 10 + 3 = 26$$

Но сумма чисел, расположенных на вершинах звезды, другая:

$$4 + 11 + 9 + 3 + 2 + 1 = 30.$$

Не удастся ли вам усовершенствовать эту звезду, расставив числа в кружках так, чтобы не только прямые ряды давали одинаковые суммы (26), но чтобы ту же сумму (26) составляли числа на вершинах звезды?

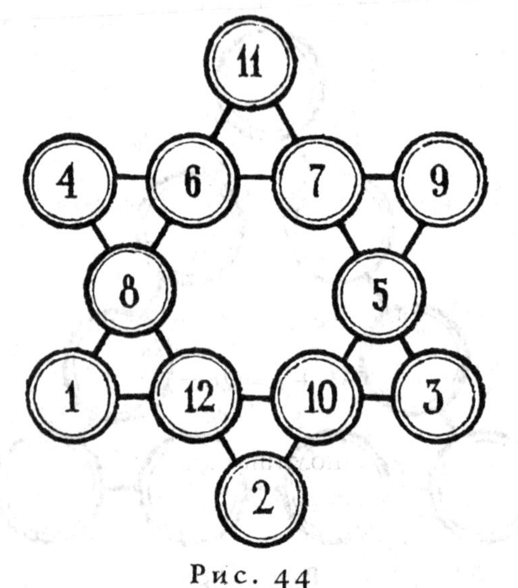

Рис. 44

РЕШЕНИЯ ГОЛОВОЛОМОК 42–53

42. Все три задачи неразрешимы; и счетчик, и я могли безбоязненно обещать за их решения любую премию. Чтобы в этом удостовериться, обратимся к языку алгебры и рассмотрим задачи одну за другой.

Задача первая: уплата 5-ти рублей. Предположим, что уплата возможна и что для этого понадобилось x полтинников, y двугривенных и z пятаков. Имеем уравнение:

$$50x + 20y + 5z = 500.$$

Сократив на 5, получаем:

$$10x + 4y + z = 100.$$

Кроме того, так как общее число монет по условию равно 20, то x, y и z связаны еще и другим уравнением:

$$x + y + z = 20.$$

Вычтя это уравнение из первого, получаем:

$$9x + 3y = 80.$$

Разделив на 3, приводим уравнение к виду:

$$3x + y = 26\frac{2}{3},$$

Но $3x$, тройное число полтинников, есть, конечно, число целое. Число двугривенных, y, также целое. Сумма же двух целых чисел не может оказаться числом дробным ($26^2/_3$). Наше предположение о разрешимости этой задачи приводит, как видите, к нелепости. Значит, задача неразрешима.

Подобным же образом читатель убедится в неразрешимости двух других, «удешевленных» задач: с уплатою 3 и 2 рублей. Первая приводит к уравнению:

$$3x + y = 13\frac{1}{3},$$

Вторая — к уравнению:

$$3x + y = 6\frac{2}{3},$$

То и другое в целых числах неразрешимо.

Как видите, ни счетчик, ни я нисколько не рисковали, предлагая крупные суммы за решение этих задач: выдать премий никогда не придется.

Другое дело было бы, если бы требовалось уплатить двадцатью монетами названного достоинства не 5, не 3 и не 2 руб., а, например, 4 руб.: тогда задача легко решалась бы и даже семью различными способами[1].

43. $888 + 88 + 8 + 8 + 8 = 1000$.

44. Вот два решения:

$$22 + 2 = 24; \quad 3^3 - 3 = 24.$$

45. Приводим три решения:

$$6 \times 6 - 6 = 30; \quad 3^3 + 3 = 30; \quad 33 - 3 = 30.$$

46. Недостающие цифры восстанавливаются постепенно, если применить следующий ход рассуждений.

---

[1] Вот одно из возможных решений: 6 полтинников, 2 двугривенных (20-копеечная монета. — *Прим. ред.*) и 12 пятаков.

Для удобства пронумеруем строки:

```
       * 1 * ........ I
    ×  3 * 2 ....... II
    ----------
       * 3 * ...... III
  + 3 * 2 *   ...... IV
   * 2 * 5    ....... V
   ----------
   1 * 8 * 3 0 ..... VI
```

Легко сообразить, что последняя звездочка в III строке цифр есть 0: это ясно из того, что 0 стоит в конце VI строки.

Теперь определяется значение последней звездочки I строки: это цифра, которая от умножения на 2 дает число, оканчивающееся нулем, а от умножения на 3 — число, оканчивающееся пятью (V ряд). Цифра такая только одна — 5.

Нетрудно догадаться, что скрывается под звездочкой II строки: 8, потому что только при умножении на 8 цифра 5 дает результат, оканчивающийся 20 (IV строка).

Наконец, становится ясным значение первой звездочки строки I: это цифра 4, потому что только 4, умноженное на 8, дает результат, начинающийся на 3 (строка IV).

Узнать остальные неизвестные цифры теперь не составляет никакой трудности: достаточно перемножить числа первых двух строк, уже вполне определившиеся.

В конечном итоге получаем такой пример умножения:

```
       4 1 5
     × 3 8 2
     -------
       8 3 0
 +  3 3 2 0
  1 2 4 5
  -----------
  1 5 8 5 3 0
```

47. Подобным сейчас примененному ходом рассуждений раскрываем значение звездочек и в этом случае. Получаем:

```
   × 325
     147
  ------
    2275
+  1300
   325
  ------
   47775
```

48. Вот искомый случай деления:

```
_52650 | 325
 325   |----
 ----- | 162
_2015
 1950
 ----
 _650
  650
  ---
```

49. Чтобы решить эту задачу, надо знать признак делимости на 11. Число делится на 11, если разность между суммою цифр, стоящих на четных местах, и суммою цифр, стоящих на нечетных местах, делится на 11 или равна нулю.

Испытаем, для примера, число 23 658 904.

Сумма цифр, стоящих на четных местах:

$$3 + 5 + 9 + 4 = 21,$$

сумма цифр, стоящих на нечетных местах:

$$2 + 6 + 8 + 0 = 16.$$

Разность их (надо вычитать из большего меньшее) равна:

$$21 - 16 = 5.$$

Эта разность (5) не делится на 11, значит, и взятое число не делится без остатка на 11.

Испытаем другое число — 7 344 535:

$$3 + 4 + 3 = 10,$$
$$7 + 4 + 5 + 5 = 21,$$
$$21 - 10 = 11.$$

Так как 11 делится на 11, то и испытуемое число кратно 11.

Теперь легко сообразить, в каком порядке надо писать девять цифр, чтобы получилось число, кратное 11 и удовлетворяющее требованиям задачи.

Вот пример:

352 049 786.

Испытаем:

$$3 + 2 + 4 + 7 + 6 = 22,$$
$$5 + 0 + 9 + 8 = 22.$$

Разность 22 – 22 = 0; значит, написанное нами число кратно 11.

Наибольшее из всех таких чисел есть:

987 652 413.

Наименьшее:

102 347 586.

Пользуюсь случаем познакомить читателей с другим признаком делимости на 11, хотя и не пригодным для решения нашей задачи, зато весьма удобным для практических надобностей. Он состоит в том, что испытуемое число разбивают справа налево на грани по две цифры в каждой и грани эти складывают как двузначные числа. Если полученная сумма делится на 11, то и испытуемое число кратно 11.

Поясним сказанное тремя примерами.

1) Число 154. Разбиваем на грани: 1–54. Складываем: 1 + 54 = 55. Так как 55 кратно 11, то и 154 кратно 11:

$$154 : 11 = 14.$$

2) Число 7843. Разбив на грани (78–43), складываем их: 78 + 43 = 121. Эта сумма делится на 11, значит, делится и испытуемое число.
3) Число 4 375 632. Разбив на грани, складываем: 4 + 37 + 56 + 32 = 129. Полученное число также разбиваем на грани (1 + 29) и складываем их: 1 + 29 = = 30. Число это не кратно 11, значит, не делится на 11 и число 129, а следовательно, и первоначальное число 4 375 632.

На чем этот способ основан? Поясним это на последнем примере.

Число 4 375 632 = 4 000 000 + 370 000 + 5 600 + 32.

Далее:

$$\begin{array}{rrrr}
4000000 = & 4 \cdot & 999999\ + & +\ 4 \\
360000 = & 37 \cdot & 9999\ + & +\ 37 \\
5600 = & 56 \cdot & 99\ + & +\ 56 \\
32 = & & & +\ 32 \\
\hline
\end{array}$$

$$4\,375\,632 = \text{Число, кратное } 11 + (4 + 37 + 56 + 32).$$

Так как числа 99, 9999 и 999 999 кратны 11, ясно, что делимость нашего числа на 11 зависит от делимости суммы чисел, стоящих в скобках, т. е. суммы граней испытуемого числа.

50. Терпеливый читатель может разыскать девять случаев такого умножения. Вот они:

$$12 \times 483 = 5796$$
$$42 \times 138 = 5796$$

$$18 \times 297 = 5346$$
$$27 \times 198 = 5346$$
$$39 \times 186 = 7254$$
$$48 \times 159 = 7632$$
$$28 \times 157 = 4396$$
$$4 \times 1738 = 6952$$
$$4 \times 1963 = 7852$$

51—52. Решения показаны на прилагаемых **рисунках 45** и **46.** Средние цифры каждого ряда можно переставить и получить таким образом еще ряд решений.

53. Чтобы облегчить себе отыскание требуемого расположения чисел, будем руководствоваться следующими соображениями.

Сумма чисел на концах искомой звезды равна 26; сумма же чисел звезды 78. Значит, сумма чисел внутреннего шестиугольника равна $78 - 26 = 52$.

Рассмотрим затем один из больших треугольников. Сумма чисел каждой его стороны равна 26; сложим числа всех трех сторон — получим $26 \times 3 = 78$, причем каждое из чисел, стоящих на углах, входит дважды. А так как сум-

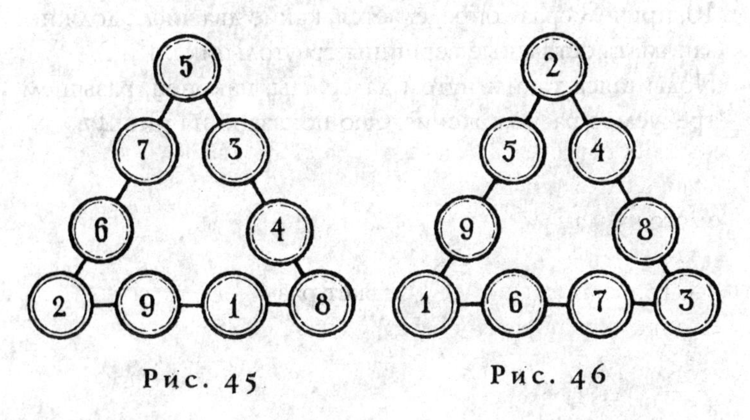

Рис. 45 Рис. 46

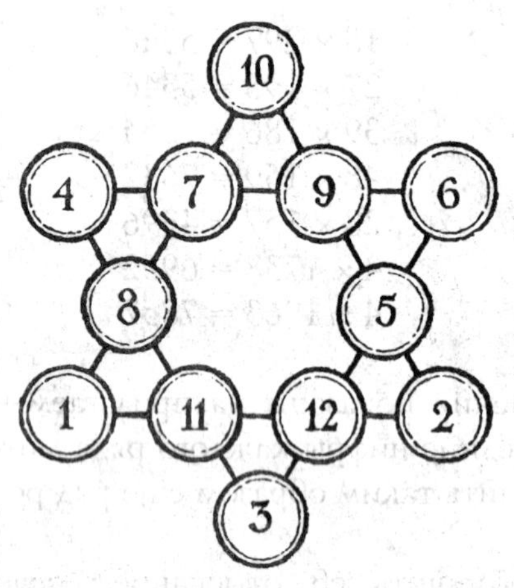

Рис. 47

ма чисел трех внутренних пар (т. е. внутреннего шестиугольника) должна, как мы знаем, равняться 52, то удвоенная сумма чисел на вершинах каждого треугольника равна 78 – 52 = 26; однократная же сумма = 13.

Поле поисков теперь заметно сузилось. Мы знаем, например, что ни 12, ни 11 не могут занимать вершины звезды (почему?). Значит, испытания можно начинать с 10, причем сразу определяется, какие два числа должны занимать остальные вершины треугольника: 1 и 2.

Подвигаясь таким путем далее, мы, наконец, разыщем требуемое расположение. Оно показано на **рис. 47**.

Глава шестая

СЕКРЕТНАЯ ПЕРЕПИСКА ПОДПОЛЬЩИКОВ

Революционер-подпольщик вынужден вести свои записи и переписку с товарищами таким образом, чтобы никто из посторонних не мог понять написанного. Для этого пользуются особым способом письма, называемым «тайнописью» (или «криптографией»). Придуманы разные системы тайнописи; к их услугам прибегают не одни подпольщики, но также дипломаты и военные для сохранения государственных тайн. Здесь мы хотим рассказать об одном из таких способов ведения секретной переписки, а именно: о так называемом способе «решетки». Он принадлежит к числу сравнительно простых и тесно связан с арифметикой.

Желающие вести тайную переписку по этому способу запасаются каждый «решеткой», т. е. бумажным квадратиком с прорезанными в нем окошечками. Образчик решетки вы видите на **рис. 48.** Окошечки размещены не произвольно, а в определенном порядке, который станет ясен вам из дальнейшего.

Рис. 48. Решетка для секретной переписки

Пусть требуется послать товарищу такую записку:
«Собрание делегатов района отмените.
Полиция кем-то предупреждена. Антон».
Наложив решетку на листок бумаги, подпольщик пишет сообщение букву за буквой в окошечках решетки. Так как окошек 16, то сначала помещается только часть записки:
Собрание делегато...
Сняв решетку, мы увидим запись, представленную на **рис. 49.**
Здесь, разумеется, ничего засекреченного пока нет: каждый легко поймет, в чем дело. Но это только начало; записка в таком виде не останется. Подпольщик поворачивает решетку «по часовой стрелке» на четверть оборота, т. е. располагает ее на том же листке так, что цифра 2, бывшая раньше сбоку, теперь оказывается вверху. При новом положении решетки все раньше написанные буквы заслонены, а в окошечках появляется чистая бумага. В них пишут следующие 16 букв секретного сообщения.

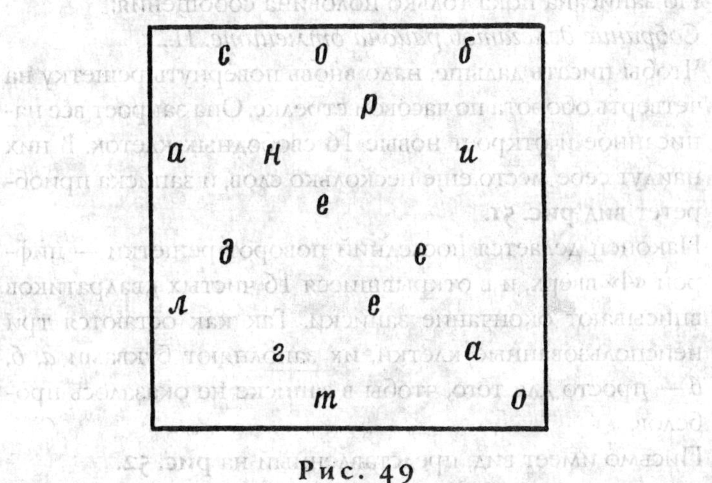

Рис. 49

	с	*в*	*о*		*р*	*б*	
			а	*р*			*й*
а	*о*	*н*			*н*	*и*	
а			*е*	*о*			*т*
	д	*м*			*е*	*е*	
л			*н*	*е*			
	и	*г*			*т*	*а*	*е*
п			*т*				*о*

Рис. 50

Если теперь убрать решетку, получим запись, показанную на **рис. 50**.

Такую запись не поймет не только посторонний человек, но и сам писавший, если позабудет текст своего сообщения.

Но записана пока только половина сообщения:

Собрание делегатов района отмените. П...

Чтобы писать дальше, надо вновь повернуть решетку на четверть оборота по часовой стрелке. Она закроет все написанное и откроет новые 16 свободных клеток. В них найдут себе место еще несколько слов, и записка приобретет вид **рис. 51**.

Наконец делается последний поворот решетки — цифрой «4» вверх, и в открывшиеся 16 чистых квадратиков вписывают окончание записки. Так как остаются три неиспользованные клетки, их заполняют буквами *а*, *б*, *в* — просто для того, чтобы в записке не оказалось пробелов.

Письмо имеет вид, представленный на **рис. 52**.

о	с	в	о	л	р	б	
	и		а	р	ц		й
а	о	н	и		н	и	я
а		к	е	о		е	т
	д	м		м	е	е	
л	т		н	е	о		п
	и	г	р		т	а	е
п	е		т	д		у	о

Рис. 51

Попробуйте в нем что-нибудь разобрать! Пусть записка попадет в руки полиции, пусть полицейские сколько угодно подозревают, что в ней скрыто важное сообщение, — догадаться о содержании записки они не смогут. Никто из посторонних не разберет в ней ни единого слова. Прочесть ее в состоянии только адресат, имеющий в

о	с	в	о	л	р	б	п
р	и	е	а	р	ц	ж	й
а	о	н	и	д	н	и	я
а	е	к	е	о	н	е	т
а	д	м	а	м	е	е	ю
л	т	т	н	е	о	о	п
н	и	г	р	а	т	а	е
п	е	б	т	д	в	у	о

Рис. 52

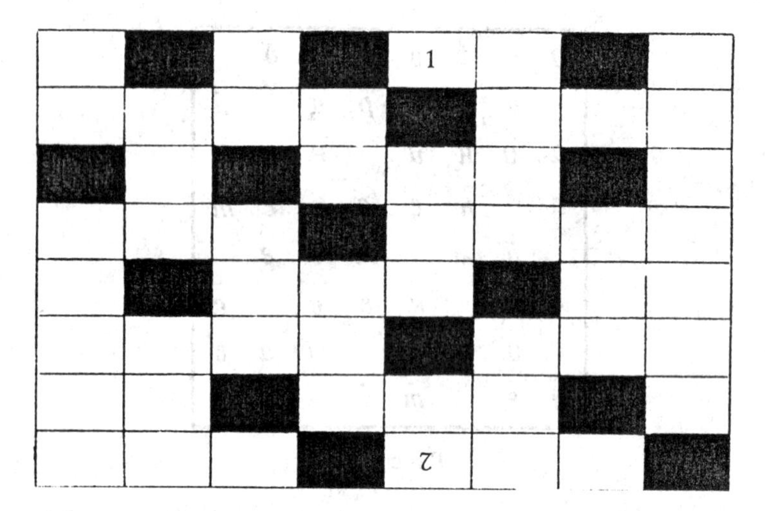

Рис. 53. Решетка в форме почтовой карточки

руках точно такую же решетку, как и та, которой пользовался отправитель.

Как же прочтет адресат это секретное письмо? Он наложит свою решетку на текст, обратив ее цифрой «1» вверх, и выпишет те буквы, которые появятся в окошечках. Это будут первые 16 букв сообщения. Затем повернет решетку — и перед ним предстанут следующие 16 букв. После четвертого поворота вся секретная записка будет прочитана.

Вместо квадратной решетки можно пользоваться и прямоугольной в форме почтовой карточки, с широкими окошечками (**рис. 53**). В окошечки такой решетки выписывают не отдельные буквы, а части слов, даже целые слова, если они помещаются. Не думайте, что запись окажется тогда более разборчивой. Нисколько! Хотя отдельные слоги и слова видны, но перемешаны они в таком нелепом беспорядке, что секрет достаточно надежно сохранен. Продолговатую решетку кладут сначала одним краем вверх, потом противоположным; после этого переворачивают ее на левую сторону и снова пользуются в двух положениях. В каждом новом положении решетка закрывает все написанное раньше.

Если бы возможна была только одна решетка, то способ переписки с ее помощью никуда не годился бы в смысле секретности. В руках полиции, конечно, имелась бы эта единственная решетка, и тайна немедленно раскрывалась бы. Но в том-то и дело, что число различных решеток чрезвычайно велико, и догадаться, какая была употреблена в дело, совершенно невозможно.

Все решетки, какие можно изготовить для 64-клеточного квадрата, отмечены на **рис. 54**. Вы можете выбрать для окошечек любые 16 клеток, заботясь лишь о том, чтобы в числе взятых клеток не было двух с одинаковыми номерами. Для той решетки, которой мы пользовались сейчас, взяты были следующие номера клеток:

2, 4, 5,
14
9, 11, 7
16
8, 15
3, 12
10, 6
13, 1

Как видите, ни один номер не повторяется.

Понять систему расположения цифр в квадрате **рис. 54** нетрудно. Он делится поперечными линиями на 4 меньших квадрата, которые обозначим для удобства римскими цифрами I, II, III, IV (**рис. 55**). В I квадрате клетки перенумерованы в обычном порядке. Квадрат II— тот

1	2	3	4	13	9	5	1
5	6	7	8	14	10	6	2
9	10	11	12	15	11	7	3
13	14	15	16	16	12	8	4
4	8	12	16	16	15	14	13
3	7	11	15	12	11	10	9
2	6	10	14	8	7	6	5
1	5	9	13	4	3	2	1

Рис. 54. Свыше 4 миллиардов секретных решеток в одном квадрате

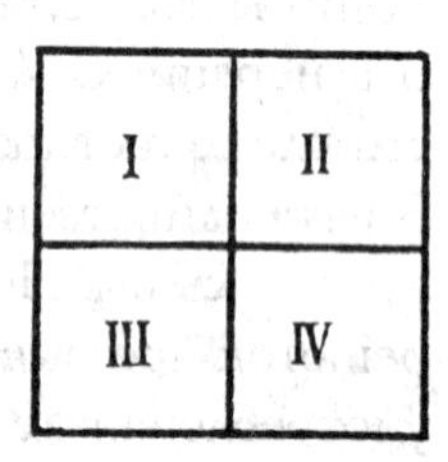

Рис. 55

же квадрат I, только повернутый на четверть оборота вправо. Повернув его еще на четверть оборота, получаем квадрат III; при следующей четверти оборота получается квадрат IV.

Подсчитаем теперь математически, сколько может существовать разных решеток. Клетку № 1 можно взять (в качестве окошка) в 4 местах. В каждом случае можно присоединить клетку № 2, взяв ее также в 4 местах. Следовательно, два окошка можно наметить 4 × 4, т. е. 16 способами. Три окошка — 4 × 4 × 4, т. е. 64 способами. Рассуждая таким образом, устанавливаем, что 16 окошек можно набрать 416 способами (произведение 16 четверок). Число это превышает 4 миллиарда. Если даже считать наш расчет преувеличенным на несколько сот миллионов (так как неудобно пользоваться решетками с примыкающими друг к другу окошечками, и эти случаи надо исключить), то все же остается несколько тысяч миллионов решеток — целый океан, в котором нет надежды отыскать именно ту, какая требуется. Полиции не одолеть такого числового великана.

Само собою разумеется, оба участника переписки должны быть начеку, чтобы их решетка не попала в посторонние руки. Лучше всего вовсе не хранить решеток, а вырезывать их при получении письма и уничтожать тотчас по прочтении. Но как запомнить расположение окошек? Здесь снова приходит нам на помощь математика.

Будем обозначать окошки цифрою 1, прочие же клетки решетки — цифрою 0. Тогда первый ряд клеток решетки получит такое обозначение (**рис. 56**):

01010010

или, отбросив передний нуль, —

1010010.

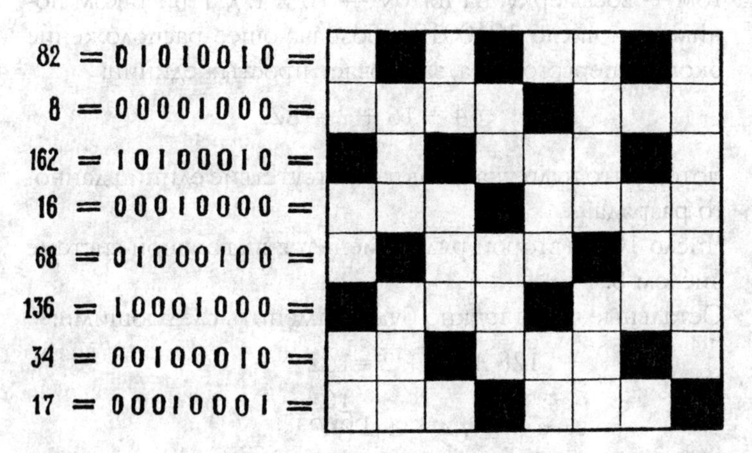

Рис. 56. Арифметизация секретной решетки

Второй ряд, если отбросить в нем передние нули, обозначится так:

1000.

Прочие ряды получают следующие обозначения:

10100010
10000
1000100
10001000
100010
10001.

Чтобы упростить запись этих чисел, будем считать, что они написаны не по десятичной системе, которой обычно пользуются, а по двоичной. Это значит, что единица, стоящая справа, больше соседней не в 10 раз, а только в 2 раза. Единица в конце числа означает, как обычно, простую единицу; единица на предпоследнем месте означает двойку; на третьем с конца — четверку; на четвертом — восьмерку; на пятом — 16 и т. д. При таком понимании число 1010010, обозначающее расположение окошек первого ряда, заключает простых единиц:

$$64 + 16 + 2 = 82,$$

потому что нули указывают на отсутствие единиц данного разряда.

Число 1000 (второй ряд) заменится в двоичной системе числом 8.

Остальные числа нужно будет заменить следующими:

$$128 + 32 + 2 = 162$$
$$16$$
$$64 + 4 = 68$$
$$128 + 8 = 136$$

$$32 + 2 = 34$$
$$16 + 1 = 17$$

Запомнить же числа 82, 8, 162, 16, 68, 136, 34, 17 не так уж трудно. А зная их, всегда можно получить ту первоначальную группу чисел, из которой они получены и которые прямо указывают расположение окошек в решетке. Как это делается, покажем на примере первого числа — 82. Разделим его на два, чтобы узнать, сколько в нем двоек; получим 41; остатка нет, значит, на последнем месте, в разряде простых единиц, должен быть 0. Полученное число двоек, 41, делим на 2, чтобы узнать, сколько в нашем числе четверок:

41 : 2 = 20, остаток 1.

Это значит, что в разряде двоек, т. е. на предпоследнем месте, имеется цифра 1.
Далее, делим 20 на 2, чтобы узнать, сколько в нашем числе восьмерок:

$$20 : 2 = 10.$$

Остатка нет, значит, на месте четверок стоит 0.
Делим 10 на 2; получаем 5 без остатка: на месте восьмерок — 0.
От деления 5 : 2 получаем 2 и в остатке 1: в разряде, где 16, — цифра 1. Наконец, делим 2 на 2 и узнаём, что в числе — одна 64-ка: в этом разряде должна быть цифра 1, а в разряде, где 32, — цифра 0.
Итак, все цифры искомого числа определились:

1010010.

Так как здесь всего 7 цифр, а в каждом ряду решетки 8 клеток, то ясно, что один нуль впереди был опущен, и расположение окошек в первом ряду определяется цифрами:

01010010,

т. е. окошки имеются на 2, 4 и 7-м местах.

Так же восстанавливается расположение окошек и в прочих рядах.

Существует, как было сказано, множество разных систем тайнописи. Мы остановились на решетке потому, что она близко соприкасается с математикой и лишний раз доказывает, как разнообразны те стороны жизни, куда заглядывает эта наука.

(О двоичной и других недесятичных системах счисления подробнее рассказано в книге того же автора «Занимательная арифметика».)

Глава седьмая

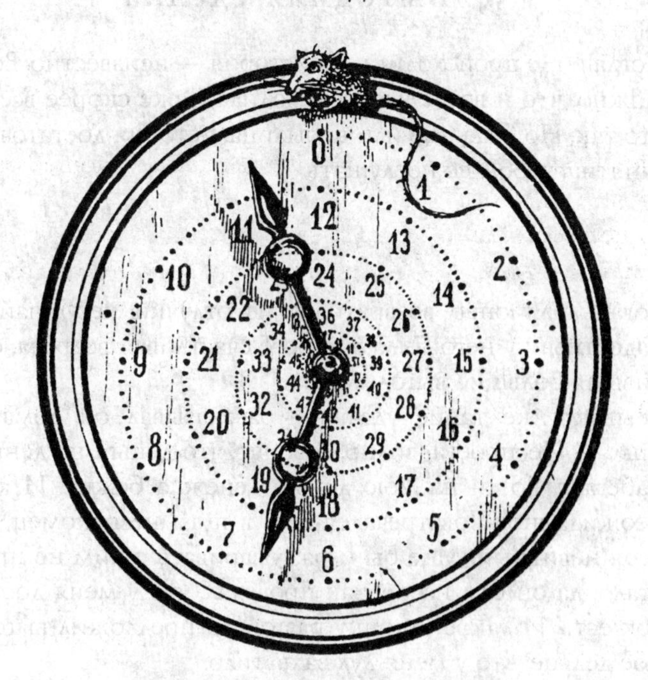

РАССКАЗЫ О ЧИСЛАХ-ВЕЛИКАНАХ

54. Выгодная сделка

Когда и где происходила эта история — неизвестно. Возможно, что и вовсе не происходила; даже скорее всего, что так. Но быль это или небылица, история достаточно занятна, чтобы ее послушать.

I

Богач-миллионер возвратился из отлучки необычайно радостный: у него была в дороге счастливая встреча, сулившая большие выгоды.

«Бывают же такие удачи, — рассказывал он домашним. — Неспроста, видно, говорят, что деньга на деньгу набегает. Вот и на мою деньгу денежка бежит. И как неожиданно! Повстречался мне в пути незнакомец, из себя невидный. Мне бы и разговаривать с ним не пристало, да он сам начал, как проведал, что у меня достаток есть. И такое к концу разговора предложил выгодное дельце, что у меня дух захватило.

Рис. 57. «Всего только одну копейку...»

— Сделаем, — говорит, — такой уговор. Я буду целый месяц приносить тебе ежедневно по сотне тысяч рублей. Не даром, разумеется, но плата пустячная. В первый день я должен по уговору заплатить — смешно вымолвить — всего только одну копейку. Я ушам не верил.
— Одну копейку? — переспрашиваю.
— Одну копейку, — говорит. — За вторую сотню тысяч заплатишь 2 копейки.
— Ну, — не терпится мне. — А дальше?
— А дальше — за третью сотню тысяч — 4 копейки, за четвертую — 8, за пятую — 16. И так целый месяц, каждый день вдвое больше против предыдущего.
— И потом что? — спрашиваю.
— Все, — говорит, — больше ничего не потребую. Только крепко держать уговор: каждое утро буду носить по сотне тысяч рублей, а ты плати, что сговорено. Раньше месяца кончать не смей.
Сотни тысяч рублей за копейки отдает! Если деньги не фальшивые, то не в полном уме человек. Однако же дело выгодное, упускать не надо.
— Ладно, — говорю. — Неси деньги. Я-то свои уплачу аккуратно. Сам, смотри, не обмани: правильные деньги приноси.
— Будь покоен, — говорит, — завтра с утра жди.
Одного только боюсь: придет ли? Как бы не спохватился, что слишком невыгодное дело затеял! Ну, до завтра недолго ждать».

II

Прошел день. Рано утром постучал богачу в окошко тот самый незнакомец, которого он встретил в дороге.
— Деньги готовь, — говорит. — Я свои принес.

Рис. 58. Постучал в окошко незнакомец...

И действительно, войдя в комнату, странный человек стал выкладывать деньги — настоящие, не фальшивые. Отсчитал ровно сто тысяч и говорит:

— Вот мое по уговору. Твой черед платить.

Богач положил на стол медную копейку и с опаской дожидался, возьмет гость монету или раздумает, деньги свои назад потребует.

Посетитель осмотрел копейку, взвесил в руке и спрятал.

— Завтра в такое же время жди. Да не забудь, две копейки припаси, — сказал он и ушел.

Богач не верил удаче: сто тысяч с неба свалилось! Снова пересчитал деньги, удостоверился хорошенько, что не фальшивые: все правильно. Запрятал деньги подальше и стал ждать завтрашней уплаты.

Ночью взяло его сомнение: не разбойник ли простаком прикинулся, хочет поглядеть, куда деньги прячут, да потом и нагрянуть с шайкой лихих людей?

Запер богач двери покрепче, с вечера в окно поглядывал, прислушивался, долго заснуть не мог.

Наутро снова стук в окно: незнакомец деньги принес. Отсчитал сто тысяч, получил свои две копейки, спрятал монету и ушел, бросив на прощание:

— К завтрашнему четыре копейки, смотри, приготовь.

Снова радуется богач: вторая сотня тысяч даром досталась. А гость на грабителя не похож: по сторонам не глядит, не высматривает, свои только копейки требует. Чудак! Побольше бы таких на свете, умным людям хорошо бы жилось...

Явился незнакомец и на третий день — третья сотня тысяч перешла к богачу за 4 копейки.

Еще день, и таким же манером явилась четвертая сотня тысяч — за 8 копеек.

Пришла и пятая сотня тысяч — за 16 копеек.

Потом шестая — за 32 копейки.

Спустя семь дней от начала сделки получил наш богач уже семьсот тысяч рублей, а уплатил пустяки:

1 коп. + 2 коп. + 4 коп. + 8 коп. + 16 коп. + 32 коп. +
+ 64 коп. = 1 руб. 27 коп.

Понравилось это алчному миллионеру, и он уже стал сожалеть, что договорился всего на один только месяц. Больше трех миллионов получить не удастся. Склонить разве чудака продлить срок еще хоть на полмесяца? Боязно: как бы не сообразил, что зря деньги отдает...

А незнакомец аккуратно являлся каждое утро со своей сотней тысяч. На 8-й день получил он 1 руб. 28 коп., на девятый — 2 руб. 56 коп., на 10-й — 5 руб. 12 коп., на 11-й — 10 руб. 24 коп., на 12-й — 20 руб. 48 коп., на 13-й — 40 руб. 96 коп., на 14-й — 81 руб. 92 коп.

Богач охотно платил эти деньги: ведь он получил уже 1 миллион 400 тысяч рублей, а отдал незнакомцу всего около полутораста рублей.

Недолго, однако, длилась радость богача: скоро стал он соображать, что странный гость не простак и что сделка с ним вовсе не так выгодна, как казалось сначала. Спустя 15 дней приходилось за очередные сотни тысяч платить уже не копейки, а сотни рублей, и плата страшно быстро нарастала. В самом деле, богач уплатил во второй половине месяца:

За	15-ю сотню тысяч	. . . . . .	163	руб.	84	коп.
»	16 » »	. . . . . .	327	»	68	»
»	17 » »	. . . . . .	655	»	36	»
»	18 » »	. . . . . .	1310	»	72	»
»	19 » »	. . . . . .	2621	»	44	»

Впрочем, он считал себя далеко не в убытке: хотя и уплатил больше пяти тысяч, зато получил 1 миллион 800 тысяч.

Прибыль, однако, с каждым днем уменьшалась, притом все быстрее и быстрее.

Вот дальнейшие платежи:

За	20-ю сотню тысяч	. . . . . .	5 242	руб.	88	коп.
»	21 » »	. . . . . .	10 485	»	76	»
»	22 » »	. . . . . .	20 971	»	52	»
»	23 » »	. . . . . .	41 943	»	04	»
»	24 » »	. . . . . .	83 886	»	08	»
»	25 » »	. . . . . .	167 772	»	16	»
»	26 » »	. . . . . .	335 544	»	32	»
»	27 » »	. . . . . .	671 088	»	64	»

Рис. 59. Незнакомец перехитрил его...

Платить приходилось уже больше, чем получать. Тут бы и остановиться, да нельзя ломать договор.

Дальше пошло еще хуже. Слишком поздно убедился миллионер, что незнакомец жестоко перехитрил его и получит куда больше денег, чем сам уплатит...

Начиная с 28-го дня богач должен был уже платить миллионы. А последние два дня его вконец разорили. Вот эти огромные платежи:

За 28-ю сотню тысяч	. . . .	1 342 177	руб. 28	коп.
» 29 » »	. . . .	2 684 354	» 56	»
» 30 » »	. . . .	5 368 709	» 12	»

Когда гость ушел в последний раз, миллионер подсчитал, во что обошлись ему столь дешевые на первый взгляд три миллиона рублей. Оказалось, что уплачено было незнакомцу

10 737 418 руб. 23 коп.

Без малого 11 миллионов!.. А ведь началось с одной копейки. Незнакомец мог бы приносить даже по три сотни тысяч и все-таки не прогадал бы.

III

Прежде чем кончить с этой историей, покажу, каким способом можно ускорить подсчет убытков нашего миллионера; другими словами, как скорее всего выполнить сложение ряда чисел:

$$1 + 2 + 4 + 8 + 16 + 32 + 64 \text{ и т. д.}$$

Нетрудно подметить следующую особенность этих чисел:

$$1 = 1$$
$$2 = 1 + 1$$
$$4 = (1 + 2) + 1$$
$$8 = (1 + 2 + 4) + 1$$
$$16 = (1 + 2 + 4 + 8) + 1$$
$$32 = (1 + 2 + 4 + 8 + 16) + 1$$

и т. д.

Мы видим, что каждое число этого ряда равно всем предыдущим, вместе взятым, плюс одна единица. Поэтому, когда нужно сложить все числа такого ряда, например от 1 до 32 768, то мы прибавляем лишь к последнему числу (32 768) сумму всех предыдущих, иначе сказать, прибавляем то же последнее число без единицы (32 768–1). Получаем 65 535.

Этим способом можно подсчитать убытки нашего миллионера очень быстро, как только узнаем, сколько уплатил он в последний раз.
Его последний платеж был 5 368 709 руб. 12 коп. Поэтому, сложив 5 368 709 руб. 12 коп. и 5 368 709 руб. 11 коп., получаем сразу искомый результат: 10 737 418 руб. 23 коп.

55. Городские слухи

Удивительно, как быстро разбегаются по городу слухи! Иной раз не пройдет и двух часов со времени какого-нибудь происшествия, которое видело всего несколько человек, а новость облетела уже весь город: все о ней знают, все слыхали.
Необычайная быстрота эта кажется поразительной, прямо загадочной.
Однако если подойти к делу с подсчетом, то станет ясно, что ничего чудесного здесь нет: все объясняется свойствами чисел, а не таинственными особенностями самих слухов.
Для примера рассмотрим хотя бы такой случай.

I

В провинциальный город с 50-тысячным населением приехал в 8 ч утра житель столицы и привез свежую, всем интересную новость. В гостинице, где приезжий остановился, он сообщил новость только трем местным жителям; это заняло, скажем, четверть часа.
Итак, в $8\,^1/_4$ ч утра новость была известна в городе всего только четверым: приезжему и трем местным жителям.
Узнав интересную новость, каждый из трех граждан поспешил рассказать ее 3 другим. Это потребовало, допус-

Рис. 60. Житель столицы привез интересную новость...

тим, также четверти часа. Значит, спустя полчаса после прибытия новости в город о ней знало уже $4 + (3 \times 3) = 13$ человек.

Каждый из 9 вновь узнавших поделился в ближайшие четверть часа с 3 другими гражданами, так что в $8\,^3/_4$ утра новость стала известна

$$13 + (3 \times 9) = 40 \text{ гражданам.}$$

Если слух распространяется по городу и далее таким же способом, т. е. каждый, узнавший новость, успевает в ближайшие четверть часа сообщить ее 3 согражданам, то осведомление города будет происходить по следующему расписанию:

в 9 ч новость узнают	$40 + (3 \times 27) =$	121 чел.
» $9\,^1/_4$ » » »	$121 + (3 \times 81) =$	364 »
» $9\,^1/_2$ » » »	$364 + (3 \times 243) =$	1093 »

Спустя полтора часа после первого появления в городе новости ее будут знать, как видим, всего около 1100 че-

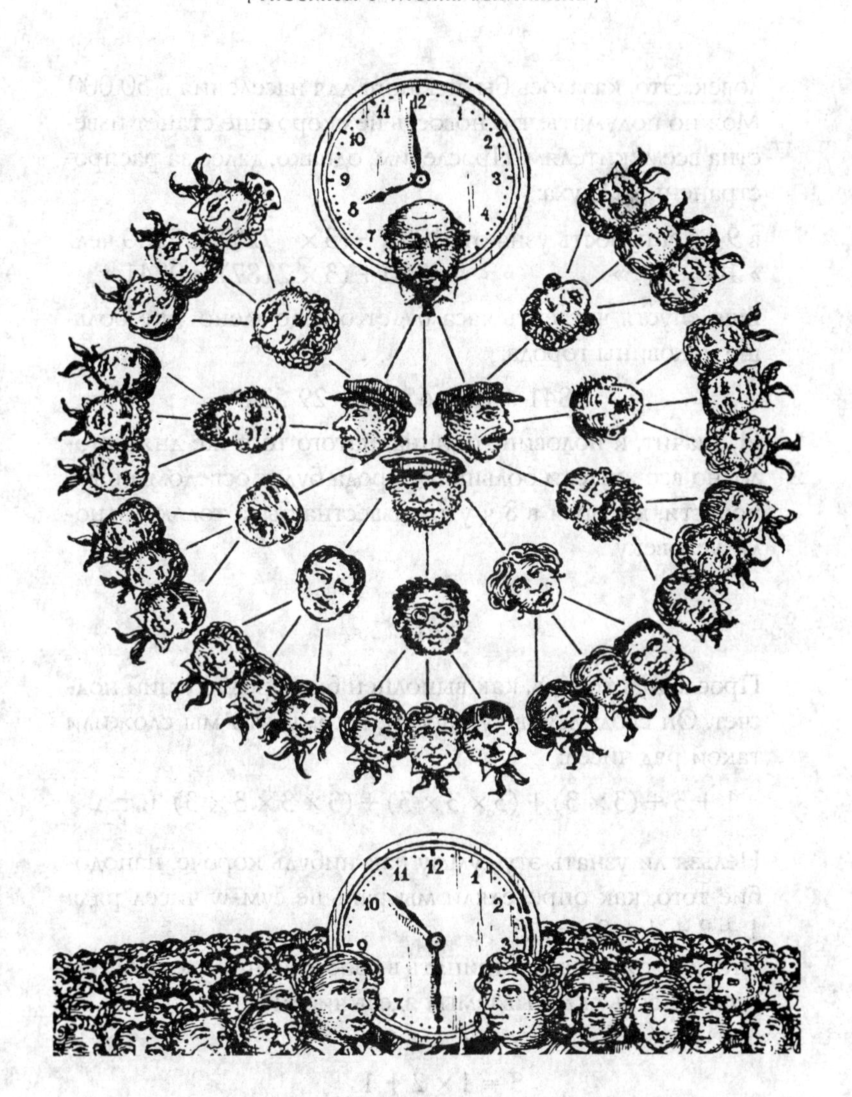

Рис. 61. В половине одиннадцатого все жители города осведомлены о новости, которая в 8 ч утра того же дня была известна лишь одному человеку

ловек. Это, казалось бы, немного для населения в 50 000. Можно подумать, что новость не скоро еще станет известна всем жителям. Проследим, однако, далее за распространением слуха:

в $9\,^3/_4$ ч новость узнают 1093 + (3 × 729) = 3280 чел.
» 10 » » » 3280 + (3 × 2187) = 9841 »

Еще спустя четверть часа будет осведомлено уже больше половины города:

$$9841 + (3 \times 6561) = 29\,524.$$

И, значит, к половине одиннадцатого того же дня поголовно все жители большого города будут осведомлены о новости, которая в 8 ч утра известна была только одному человеку.

II

Проследим теперь, как выполнен был предыдущий подсчет. Он сводился, в сущности, к тому, что мы сложили такой ряд чисел:

$$1 + 3 + (3 \times 3) + (3 \times 3 \times 3) + (3 \times 3 \times 3 \times 3) \text{ и т. д.}$$

Нельзя ли узнать эту сумму как-нибудь короче, наподобие того, как определяли мы раньше сумму чисел ряда 1 + 2 + 4 + 8 и т. д.?

Это возможно, если принять в соображение следующую особенность складываемых здесь чисел:

$$1 = 1$$
$$3 = 1 \times 2 + 1$$
$$9 = (1 + 3) \times 2 + 1$$
$$27 = (1 + 3 + 9) \times 2 + 1$$
$$81 = (1 + 3 + 9 + 27) \times 2 + 1$$
и т. д.

Иначе говоря, каждое число этого ряда равно удвоенной сумме всех предыдущих чисел плюс единица.

Отсюда следует, что если нужно найти сумму всех чисел нашего ряда от 1 до какого-либо числа, то достаточно лишь прибавить к этому последнему числу его половину (предварительно откинув в последнем числе единицу).

Например, сумма чисел

$$1 + 3 + 9 + 27 + 81 + 243 + 729$$

равна 729 + половина от 728, т. е. 729 + 364 = 1093.

III

В нашем случае каждый житель, узнавший новость, передавал ее только трем гражданам. Но если бы жители города были еще разговорчивее и сообщали услышанную новость не 3, а, например, 5 или даже 10 другим, слух распространялся бы, конечно, гораздо быстрее. При передаче, например, пятерым картина осведомления города была бы такая:

в 8	ч	1 чел.			
» $8\,^1/_4$	»........	1 + 5	=	6	чел.
» $8\,^1/_2$	»	6 + (5 × 5)	=	31	»
» $8\,^3/_4$	»........	31 + (25 × 5)	=	156	»
» 9	»........	156 + (125 × 5)	=	781	»
» $9\,^1/_4$	»........	781 + (625 × 5)	=	3906	»
» $9\,^1/_2$	»........	3906 + (3125 × 5)	=	19 531	»

Ранее чем в $9\,^3/_4$ ч утра новость будет уже известна всему 50-тысячному населению города.

Еще быстрее распространится слух, если каждый, услышавший новость, передаст о ней 10 другим. Тогда получим такой любопытный, быстро возрастающий, ряд чисел:

в 8 ч	....	1
» $8\,^1/_4$ »	1 + 10 =	11
» $8\,^1/_2$ »	11 + 100 =	111
» $8\,^3/_4$ »	111 + 1 000 =	1 111
» 9 »	1111 + 10 000 =	11 111

Следующее число этого ряда, очевидно, есть 111 111. Это показывает, что весь город узнает про новость уже в самом начале 10-го часа утра. Слух разнесется почти в один час!

56. Лавина дешевых велосипедов

В дореволюционные годы были у нас — а за рубежом, вероятно, и теперь еще находятся — предприниматели, которые прибегают к довольно оригинальному способу сбывать свой товар, обычно посредственного качества. Начинали с того, что в распространенных газетах и журналах печатали рекламу такого содержания:

> **ВЕЛОСИПЕД**
> **ЗА ДЕСЯТЬ РУБЛЕЙ!**
>
> *Каждый может приобрести в собственность велосипед, затратив только 10 рублей.*
> Пользуйтесь редким случаем!
>
> **ВМЕСТО 50 РУБЛЕЙ — 10 РУБЛЕЙ !!!**
>
> Условия покупки высылаются бесплатно.

Немало людей, конечно, соблазнялись заманчивым объявлением и просили прислать условия необычной покупки. В ответ на запрос они получали подробный проспект, из которого узнавали следующее.

За 10 руб. высылался пока не сам велосипед, а только 4 билета, которые надо было сбыть по 10 руб. своим четверым знакомым. Собранные таким образом 40 руб. следовало отправить фирме, и тогда лишь прибывал велосипед; значит, он обходился покупателю действительно всего в 10 руб., остальные 40 руб. уплачивались ведь не из его кармана. Правда, кроме уплаты 10 руб. наличными деньгами, приобретатель велосипеда имел некоторые хлопоты по продаже билетов среди знакомых, но этот маленький труд в счет не шел.

Что же это были за билеты? Какие блага приобретал за 10 руб. их покупатель? Он получал право обменять их у фирмы на 5 таких же билетов; другими словами, он приобретал возможность собрать 50 руб. для покупки велосипеда, который ему обходился, следовательно, только в 10 руб., т. е. в стоимость билета. Новые обладатели билетов, в свою очередь, получали от фирмы по 5 билетов для дальнейшего распространения и т. д.

На первый взгляд во всем этом не было обмана. Обещание рекламного объявления исполнялось; велосипед в самом деле обходился покупателям всего лишь в 10 руб. Да и фирма не оказывалась в убытке — она получала за свой товар полную его стоимость.

А между тем вся затея — несомненное мошенничество. «Лавина», как называли эту аферу у нас, или «снежный ком», как величали ее французы, вовлекала в убыток тех многочисленных ее участников, которым не удавалось дальше сбыть купленные ими билеты. Они-то и уплачивали фирме разницу между 50-рублевой стоимостью велосипедов и 10-рублевой платой за них. Рано ли, поздно ли, но неизбежно наступал момент, когда держатели билетов не могли найти охотников их приобрести. Что так должно непременно случиться, вы поймете, дав себе труд с карандашом в руке проследить за тем, как стремительно возрастает число людей, вовлекаемых в лавину.

Первая группа покупателей, получившая свои билеты прямо от фирмы, находит покупателей обычно без особого труда: каждый член этой группы снабжает билетами четверых новых участников.

Эти четверо должны сбыть свои билеты 4×5, т. е. 20 другим, убедив их в выгодности такой покупки. Допустим, что это удалось и 20 покупателей завербовано.

Лавина движется дальше, 20 новых обладателей билетов должны наделить ими $20 \times 5 = 100$ других.

До сих пор каждый из «родоначальников» лавины втянул в нее

$$1 + 4 + 20 + 100 = 125 \text{ человек,}$$

из которых 25 имеют по велосипеду, а 100 — только надежду его получить, уплатив за эту надежду по 10 руб.

Теперь лавина выходит уже из тесного круга знакомых между собою людей и начинает растекаться по городу, где ей становится, однако, все труднее и труднее отыскивать свежий материал. Сотня последних обладателей билетов должна снабдить такими же билетами 500 граждан, которым, в свою очередь, придется завербовать 2500 новых жертв. Город быстро наводняется билетами, и отыскивать охотников приобрести их становится весьма нелегким делом.

Вы видите, что число людей, втянутых в лавину, растет по тому же самому закону, с которым мы встретились, когда беседовали о распространении слухов. Вот числовая пирамида, которая в этом случае получается:

1
4
20
100
500
2 500
12 500
62 500

Если город велик и все его население, способное сидеть на велосипедах, составляет 62 $^{1}/_{2}$ тысячи, то в рассматриваемый момент, т. е. на 8-м «туре», лавина должна иссякнуть. Все оказались втянутыми в нее. Но обладает велосипедами только пятая часть, у остальных же $^{4}/_{5}$ имеются на руках билеты, которые некому сбыть.

Для города с более многочисленным населением, даже для современного столичного центра, насчитывающего миллионы жителей, момент насыщения наступит всего несколькими турами позднее, потому что числа лавины растут с неимоверной быстротой. Вот следующие ярусы нашей числовой пирамиды:

312 500
1 562 500
7 812 500
39 062 500

На 12-м туре лавина, как видите, могла бы втянуть в себя население целого государства. И $^{4}/_{5}$ этого населения будет обмануто устроителями лавины.

Подведем итог тому, чего, собственно, достигает фирма устройством лавины. Она принуждает $^{4}/_{5}$ населения оплачивать товар, приобретаемый остальною $^1/_5$ частью населения; иными словами, заставляет четырех граждан облагодетельствовать пятого. Совершенно безвозмездно приобретает фирма, кроме того, многочисленный штат усердных распространителей ее товара. Правильно охарактеризовал эту аферу один из наших писателей[1], как «лавину взаимного объегоривания». Числовой великан, невидимо скрывающийся за этой затеей, наказывает тех, кто не умеет воспользоваться арифметическим расчетом для ограждения собственных интересов от посягательства аферистов.

57. Награда

Вот что, по преданию, произошло много веков назад в Древнем Риме.[2]

I

Полководец Теренций по приказу императора совершил победоносный поход и с трофеями вернулся в Рим. Прибыв в столицу, он просил допустить его к императору. Император ласково принял полководца, сердечно благодарил его за военные услуги империи и обещал в награду дать высокое положение в сенате.

Но Теренцию нужно было не это. Он возразил:

— Много побед одержал я, чтобы возвысить твое могущество, государь, и окружить имя твое славой. Я не страшился смерти, и будь у меня не одна, а много жизней,

---

[1] И. И. Ясинский.

[2] Рассказ в вольной передаче заимствован из старинной латинской рукописи, принадлежащей одному из частных книгохранилищ Англии.

я все их принес бы тебе в жертву. Но я устал воевать; прошла молодость, кровь медленнее бежит в моих жилах. Наступила пора отдохнуть в доме моих предков и насладиться радостями домашней жизни.

— Что же желал бы ты от меня, Теренций? — спросил император.

— Выслушай со снисхождением, государь. За долгие годы военной жизни, изо дня в день обагряя меч свой кровью, я не успел устроить себе денежного благополучия. Я беден, государь...

— Продолжай, храбрый Теренций.

— Если хочешь даровать награду скромному слуге твоему, — продолжал ободренный полководец, — то пусть щедрость твоя поможет мне дожить мирно в достатке годы подле домашнего очага. Я не ищу почестей и высокого положения во всемогущем сенате. Я желал бы удалиться от власти и от жизни общественной, чтобы отдохнуть на покое. Государь, дай мне денег для обеспечения остатка моей жизни.

Император, гласит предание, не отличался широкой щедростью. Он любил копить деньги для себя и скупо тратил их на других. Просьба полководца заставила его задуматься.

— Какую же сумму, Теренций, считал бы ты для себя достаточной? — спросил он.

— Миллион динариев, государь.

Снова задумался император. Полководец ждал, опустив голову. Наконец император заговорил:

— Доблестный Теренций! Ты великий воин, и славные подвиги твои заслужили щедрой награды. Я дам тебе богатство. Завтра в полдень ты услышишь здесь мое решение.

Теренций поклонился и вышел.

II

На следующий день в назначенный час полководец явился во дворец императора.

— Привет тебе, храбрый Теренций! — сказал император.

Теренций смиренно наклонил голову:

— Я пришел, государь, чтобы выслушать твое решение. Ты милостиво обещал вознаградить меня.

Император ответил:

— Не хочу, чтобы такой благородный воитель, как ты, получил за свои подвиги жалкую награду. Выслушай же меня. В моем казначействе лежит 5 миллионов медных брассов[1]. Теперь внимай моим словам. Ты войдешь в казначейство, возьмешь одну монету в руки, вернешься сюда и положишь ее к моим ногам. На другой день вновь пойдешь в казначейство, возьмешь монету, равную 2 брассам, и положишь здесь рядом с первой. В третий день принесешь монету, стоящую 4 брасса, в четвертый — стоящую 8 брассов, в пятый — 16 и так далее, все удваивая вместимость монеты. Я прикажу ежедневно изготовлять для тебя монеты надлежащей ценности. И, пока хватит у тебя сил поднимать монеты, будешь ты выносить их из моего казначейства. Никто не вправе помогать тебе; ты должен пользоваться только собственными силами. И когда заметишь, что не можешь уже больше поднять монету — остановись: уговор наш кончится, но все монеты, которые удалось тебе вынести, останутся твоими и послужат тебе наградой.

Жадно впитывал Теренций каждое слово императора. Ему чудилось огромное множество монет, одна больше

[1] Мелкая монета, пятая часть динария.

другой, которые вынесет он из государственного казначейства.

— Я доволен твоею милостью, государь, — ответил он с радостной улыбкой. — Поистине щедра награда твоя!

III

Начались ежедневные посещения Теренцием государственного казначейства. Оно помещалось невдалеке от приемной залы императора, и первые переходы с монетами не стоили Теренцию никаких усилий.

В первый день вынес он из казначейства всего один брасс. Это небольшая монета, 21 мм в поперечнике и 5 г весом.[1]

Легки были также второй, третий, четвертый, пятый и шестой переходы, когда полководец выносил монеты двойного, четверного, 8-кратного, 16-кратного и 32-кратного веса.

Седьмая монета весила на наши современные меры 320 граммов и имела в поперечнике $8\ ^1/_2$ см (точнее 84 мм)[2].

На восьмой день Теренцию пришлось вынести из казначейства монету, соответствующую 128 единичным монетам. Она весила 640 г и была шириною около $10\ ^1/_2$ см.

На девятый день Теренций принес в императорскую залу монету в 256 единичных монет. Она имела 13 см в ширину и весила более $1\ ^1/_4$ кг.

---

[1] Вес пятикопеечной монеты чеканки 1961 г.

[2] Если монета по объему в 64 раза больше обычной, то она шире и толще всего в 4 раза, потому что $4 \times 4 \times 4 = 64$. Это надо иметь в виду в дальнейшем при расчете размеров монет, о которых говорится в рассказе.

На двенадцатый день монета достигла почти 27 см в поперечнике и весила 10 $^1/_4$ кг.
Император, до сих пор смотревший на полководца приветливо, теперь не скрывал своего торжества. Он видел, что сделано уже 12 переходов, а вынесено из казначейства всего только 2000 с небольшим медных монеток.
Тринадцатый день доставил храброму Теренцию монету, равную 4096 единичным монетам. Она имела около 34 см в ширину, а вес ее равнялся 20 $^1/_2$ кг.
На четырнадцатый день Теренций вынес из казначейства тяжелую монету — в 41 кг весом и около 42 см шириною.
— Не устал ли ты, мой храбрый Теренций? — спросил его император, сдерживая улыбку.
— Нет, государь мой, — хмуро ответил полководец, стирая пот со лба.
Наступил пятнадцатый день. Тяжела была на этот раз ноша Теренция. Медленно брел он к императору, неся огромную монету, составленную из 16 384 единичных монет. Она достигала 53 см в ширину и весила 80 кг — вес рослого воина.
На шестнадцатый день полководец шатался под ношей, лежавшей на его спине. Это была монета, равная 32 768 единичным монетам и весившая 164 кг; поперечник ее достигал 67 см.
Полководец был обессилен и тяжело дышал. Император улыбался...
Когда Теренций явился в приемную залу императора на следующий день, он был встречен громким смехом. Он не мог уже нести свою ношу в руках, а катил ее впереди себя. Монета имела в поперечнике 84 см и весила 328 кг. Она соответствовала весу 65 536 единичных монет.

Рис. 62. Первая монета

Рис. 63. Одиннадцатая монета

Рис. 64. Пятнадцатая монета

Рис. 65. Шестнадцатая монета

Рис. 66. Семнадцатая монета

Рис. 67. Восемнадцатая монета

Восемнадцатый день был последним днем обогащения Теренция. В этот день кончились его посещения казначейства и странствования с ношей в залу императора. Ему пришлось доставить на этот раз монету, соответствовавшую 131 072 единичным монетам. Она имела более метра в поперечнике и весила 655 кг. Пользуясь своим копьем как рычагом, Теренций с величайшим напряжением сил едва вкатил ее в залу. С грохотом упала исполинская монета к ногам императора.

Теренций был совершенно измучен.

— Не могу больше... Довольно, — прошептал он.

Император с трудом подавил смех удовольствия, видя полный успех своей хитрости. Он приказал казначею исчислить, сколько всего брассов вынес Теренций в приемную залу.

Казначей исполнил поручение и сказал:

— Государь, благодаря твоей щедрости победоносный воитель Теренций получил в награду 262 143 брасса.

Итак, скупой император дал полководцу около 20-й части той суммы в миллион динариев, которую просил Теренций.

Проверим расчет казначея, а заодно и вес монет. Теренций вынес:

в 1-й день	.....	1	брасс весом		5 г
на 2 »	.....	2	»	»	10 »
» 3 »	.....	4	»	»	20 »
» 4 »	.....	8	»	»	40 »
» 5 »	.....	16	»	»	80 »
» 6 »	.....	32	»	»	160 »
» 7 »	.....	64	»	»	320 »
» 8 »	.....	128	»	»	640 »
» 9 »	.....	256	»	»	1 кг 280 г
» 10 »	.....	512	»	»	2 » 560 »
» 11 »	.....	1024	»	»	5 » 120 »
» 12 »	.....	2048	»	»	10 » 240 »
» 13 »	.....	4096	»	»	20 » 480 »
» 14 »	.....	8192	»	»	40 » 960 »
» 15 »	.....	16 384	»	»	81 » 920 »
» 16 »	.....	32 768	»	»	163 » 840 »
» 17 »	.....	65 536	»	»	327 » 680 »
» 18 »	.....	131 072	»	»	655 » 360 »

Мы уже знаем, как можно просто подсчитать сумму чисел таких рядов; для второго столбца она равна 262 143 согласно правилу, указанному в задаче 54 (пункт III). Теренций просил у императора миллион динариев, т. е. 5 000 000 брассов. Значит, он получил меньше просимой суммы в

$$5\,000\,000 : 262\,143 = 19 \text{ раз.}$$

58. Легенда о шахматной доске

Шахматы — одна из самых древних игр. Она существует уже около двух тысяч лет, и неудивительно, что с нею связаны предания, правдивость которых, за давностью времени, невозможно проверить. Одну из подобных легенд я и хочу рассказать. Чтобы понять ее, вовсе не нужно уметь играть в шахматы: достаточно знать, что игра происходит на доске, разграфленной на 64 клетки (попеременно черные и белые).

I

Шахматная игра была придумана в Индии, и когда индусский царь Шерам познакомился с нею, он был восхищен ее остроумием и разнообразием возможных в ней положений. Узнав, что она изобретена одним из его подданных, царь приказал его позвать, чтобы лично наградить за удачную выдумку.
Изобретатель, его звали Сета, явился к трону повелителя. Это был скромно одетый ученый, получавший средства к жизни от своих учеников.

Рис. 68. «За вторую клетку прикажи выдать два зерна...»

— Я желаю достойно вознаградить тебя, Сета, за прекрасную игру, которую ты придумал, — сказал царь. Мудрец поклонился.

— Я достаточно богат, чтобы исполнить самое смелое твое пожелание, — продолжал царь. — Назови награду, которая тебя удовлетворит, и ты получишь ее.

Сета молчал.

— Не робей, — ободрил его царь. — Выскажи свое желание. Я не пожалею ничего, чтобы исполнить его.

— Велика доброта твоя, повелитель. Но дай срок обдумать ответ. Завтра, по зрелом размышлении, я сообщу тебе мою просьбу.

Когда на другой день Сета снова явился к ступеням трона, он удивил царя беспримерной скромностью своей просьбы.

— Повелитель, — сказал Сета, — прикажи выдать мне за первую клетку шахматной доски одно пшеничное зерно.

— Простое пшеничное зерно? — изумился царь.

— Да, повелитель. За вторую клетку прикажи выдать 2 зерна, за третью — 4, за четвертую — 8, за пятую — 16, за шестую — 32...

— Довольно, — с раздражением прервал его царь. — Ты получишь свои зерна за все 64 клетки доски, согласно твоему желанию: за каждую вдвое больше против предыдущей. Но знай, что просьба твоя недостойна моей щедрости. Прося такую ничтожную награду, ты непочтительно пренебрегаешь моей милостью. Поистине, как учитель, ты мог бы показать лучший пример уважения к доброте своего государя. Ступай. Слуги мои вынесут тебе мешок с твоей пшеницей.

Сета улыбнулся, покинул залу и стал дожидаться у ворот дворца.

II

За обедом царь вспомнил об изобретателе шахмат и послал узнать, унес ли уже безрассудный Сета свою жалкую награду.

— Повелитель, — был ответ, — приказание твое исполняется. Придворные математики исчисляют число следуемых зерен.

Царь нахмурился. Он не привык, чтобы повеления его исполнялись так медлительно.

Вечером, отходя ко сну, царь еще раз осведомился, давно ли Сета с мешком пшеницы покинул ограду дворца.

— Повелитель, — ответили ему, — математики твои трудятся без устали и надеются еще до рассвета закончить подсчет.

— Почему медлят с этим делом?! — гневно воскликнул царь. — Завтра, прежде чем я проснусь, все до последнего зерна должно быть выдано Сете. Я дважды не приказываю.

Рис. 69. Сета стал дожидаться у ворот...

Утром царю доложили, что старшина придворных математиков просит выслушать важное донесение.

Царь приказал ввести его.

— Прежде чем скажешь о твоем деле, — объявил Шерам, — я желаю услышать, выдана ли наконец Сете та ничтожная награда, которую он себе назначил.

— Ради этого я и осмелился явиться перед тобой в столь ранний час, — ответил старик. — Мы добросовестно исчислили все количество зерен, которое желает получить Сета. Число это так велико...

— Как бы велико оно ни было, — надменно перебил царь, — житницы мои не оскудеют. Награда обещана и должна быть выдана...

— Не в твоей власти, повелитель, исполнять подобные желания. Во всех амбарах твоих нет такого числа зерен, какое потребовал Сета. Нет его и в житницах целого царства. Не найдется такого числа зерен и на всем пространстве Земли. И если желаешь непременно выдать обещан-

Рис. 70. Математики трудятся без устали...

Рис. 71. «Прикажи превратить земные царства в пахотные поля...»

ную награду, то прикажи превратить земные царства в пахотные поля, прикажи осушить моря и океаны, прикажи растопить льды и снега, покрывающие далекие северные пустыни. Пусть все пространство их сплошь будет засеяно пшеницей. И все то, что родится на этих полях, прикажи отдать Сете. Тогда он получит свою награду.

С изумлением внимал царь словам старца.

— Назови же мне это чудовищное число, — сказал он в раздумье.

— О повелитель!

Восемнадцать *квинтиллионов*
четыреста сорок шесть *квадриллионов*
семьсот сорок четыре *триллиона*
семьдесят три *биллиона*[1]
семьсот девять *миллионов*
пятьсот пятьдесят одна *тысяча*
шестьсот пятнадцать зерен!

---

[1] 1 биллион (или миллиард) составляет тысячу миллионов,
1 триллион — миллион миллионов,
1 квадриллион — миллион биллионов (миллиардов),
1 квинтиллион — миллион триллионов. — *Прим. ред.*

III

Такова легенда. Действительно ли было то, что здесь рассказано, неизвестно, но что награда, о которой говорит предание, должна была выразиться именно таким числом, в этом вы сами можете убедиться терпеливым подсчетом. Начав с единицы, нужно сложить числа 1, 2, 4, 8 и т. д. Результат 63-го удвоения покажет, сколько причиталось изобретателю за 64-ю клетку доски. Поступая, как объяснено в задаче 54 (пункте III), мы без труда найдем всю сумму следуемых зерен, если удвоим последнее число и отнимем одну единицу. Значит, подсчет сводится лишь к перемножению 64-х двоек:

$$2 \times 2 \times 2 \times 2 \times 2 \times 2 \text{ и т. д. 64 раза.}$$

Для облегчения выкладок разделим эти 64 множителя на 6 групп по 10 двоек в каждой и одну последнюю группу из 4 двоек.

Произведение 10 двоек, как легко убедиться, равно 1024, а 4 двоек — 16. Значит, искомый результат равен

$$1024 \times 1024 \times 1024 \times 1024 \times 1024 \times 1024 \times 16.$$

Перемножив 1024×1024, получим 1 048 576.

Теперь остается найти

$$1\,048576 \times 1\,048\,576 \times 1\,048\,576 \times 16,$$

отнять от результата одну единицу — и нам станет известно искомое число зерен:

$$18\,446\,744\,073\,709\,551\,615.$$

Если желаете представить себе всю огромность этого числового великана, прикиньте, какой величины амбар потребовался бы для вмещения подобного количества зерен. Известно, что кубический метр пшеницы вмещает

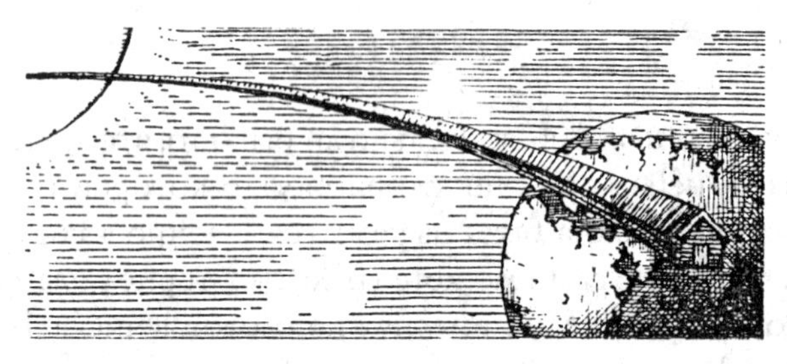

Рис. 72. Амбар простирался бы на 30 миллионов километров

около 15 миллионов зерен. Значит, награда шахматного изобретателя должна была бы занять объем примерно в 12 000 000 000 000 куб. м, или 12 000 куб. км. При высоте амбара 4 м и ширине 10 м длина его должна была бы простираться на 300 000 000 км, т. е. вдвое дальше, чем от Земли до Солнца!..

Индусский царь не в состоянии был выдать подобной награды. Но он легко мог бы, будь он силен в математике, освободиться от столь обременительного долга. Для этого нужно было лишь предложить Сете самому отсчитать себе зерно за зерном всю причитавшуюся ему пшеницу. В самом деле: если бы Сета, принявшись за счет, вел его непрерывно день и ночь, отсчитывая по зерну в секунду, он в первые сутки отсчитал бы всего 86 400 зерен. Чтобы отсчитать миллион зерен, понадобилось бы не менее 10 суток неустанного счета. Один кубический метр пшеницы он отсчитал бы примерно в полгода: это дало бы ему всего 5 четвертей[1]. Считая непрерывно в течение

[1] 1 четверть — русская мера объема сыпучих тел равна двум осьминам, или 209,91 л (1 л составляет 1 куб. дм, или 0,001 куб. м).

Таким образом, в полгода Сета отсчитал бы всего около 1050 литров зерна пшеницы. — *Прим. ред.*

10 лет, он отсчитал бы себе не более 100 четвертей. Вы видите, что, посвятив счету даже весь остаток своей жизни, Сета получил бы лишь ничтожную часть потребованной им награды...

59. Быстрое размножение

Спелая маковая головка полна крошечных зернышек: из каждого может вырасти целое растение. Сколько же получится маков, если зернышки все до единого прорастут? Чтобы узнать это, надо сосчитать зернышки в целой головке. Скучное занятие, но результат так интересен, что стоит запастись терпением и довести счет до конца. Оказывается, одна головка мака содержит круглым числом 3000 зернышек.

Что отсюда следует? То, что, будь вокруг нашего макового растения достаточная площадь подходящей земли, каждое упавшее зернышко дало бы росток, и будущим летом на этом месте выросло бы уже 3000 маков. Целое маковое поле от одной головки!

Посмотрим же, что будет дальше. Каждое из 3000 растений принесет не менее одной головки (чаще же несколько), содержащей 3000 зерен. Проросши, семена каждой головки дадут 3000 новых растений, и, следовательно, на второй год у нас будет уже не менее

$$3000 \times 3000 = 9\,000\,000 \text{ растений.}$$

Легко рассчитать, что на третий год число потомков нашего единственного мака будет уже достигать

$$9\,000\,000 \times 3000 = 27\,000\,000\,000.$$

А на четвертый год —

$$27\,000\,000\,000 \times 3000 = 81\,000\,000\,000\,000.$$

На пятом году макам станет тесно на земном шаре, потому что число растений сделается равным

$$81\,000\,000\,000\,000 \times 3000 = 243\,000\,000\,000\,000\,000,$$

поверхность же всей суши, т. е. всех материков и островов земного шара, составляет только 135 миллионов квадратных километров, т.е.

$$135\,000\,000\,000\,000 \text{ кв. м}, —$$

это примерно в 2000 раз меньше, чем выросло бы экземпляров мака.

Вы видите, что, если бы все зернышки мака прорастали, потомство одного растения могло бы уже в пять лет покрыть сплошь всю сушу земного шара густой зарослью по две тысячи растений на каждом квадратном метре. Вот какой числовой великан скрывается в крошечном маковом зернышке!

Рис. 73. Сколько получится маков, если все зернышки одной головки прорастут?

Сделав подобный же расчет не для мака, а для какого-нибудь другого растения, приносящего меньше семян, мы пришли бы к тому же результату, но только потомство этого растения покрывало бы всю землю не в 5 лет, а в немного больший срок. Возьмем хотя бы одуванчик, приносящий ежегодно около 100 семянок.[1] Если бы все они прорастали, мы имели бы:

в 1 год . . . . .1 растение
« 2 ». . . . . 100 растений
« 3 ». . . . . 10 000 »
« 4 ». . . . . 1 000 000 »
« 5 ». . . . . 100 000 000 »
« 6 ». . . . . 10 000 000 000 »
« 7 ». . . . . 1 000 000 000 000 »
« 8 ». . . . . 100 000 000 000 000 »
« 9 ». . . . . 10 000 000 000 000 000 »

Это в 70 раз больше, чем имеется квадратных метров на всей суше. Следовательно, на 9-м году материки земного шара были бы покрыты одуванчиками по 70 на каждом квадратном метре.

Почему же в действительности не наблюдаем мы такого чудовищно быстрого размножения? Потому, что огромное большинство семян погибает, не давая ростков: они или не попадают на подходящую почву и вовсе не прорастают, или, начав прорастать, заглушаются другими растениями, или же, наконец, просто истребляются животными. Но если бы массового уничтожения семян и ростков не было, каждое растение в короткое время покрыло бы сплошь всю нашу планету.

[1] В одной головке одуванчика было насчитано даже около 200 семянок.

Рис. 74. Одуванчик приносит ежегодно около ста семянок

Это верно не только для растений, но и для животных.[1] Не будь смерти, потомство одной пары любого животного рано или поздно заполнило бы всю Землю. Полчища саранчи, сплошь покрывающие огромные пространства, могут дать нам некоторое представление о том, что было бы, если бы смерть не препятствовала размножению живых существ. В каких-нибудь два-три десятка лет материки покрылись бы непроходимыми лесами и степями, где кишели бы миллионы животных, борющихся между собою за место. Океан наполнился бы рыбой до того густо, что судоходство стало бы невозможно. А воздух сделался бы едва прозрачным от множества птиц и насекомых.

[1] Нельзя, однако, применить сказанное без оговорок к человеку: размножение человека обусловливается не только биологическими, но и экономическими причинами.

Рассмотрим для примера, как быстро размножается всем известная комнатная муха. Пусть каждая муха откладывает 120 яичек, и пусть в течение лета успевает появиться 7 поколений мух, половина которых самки. За начало первой кладки примем 15 апреля и будем считать, что муха-самка в 20 дней становится взрослой и сама откладывает яйца. Тогда размножение будет происходить так:
15 апреля самка отложила 120 яиц; в начале мая вышло 120 мух, из них 60 самок;
5 мая каждая самка кладет 120 яиц; в середине мая выходит 60 × 120 = 7200 мух; из них 3600 самок;
25 мая каждая из 3600 самок кладет по 120 яиц;
в начале июня выходит 3600 × 120 = 432 000 мух; из них 216 000 самок.
14 июня каждая из 216 000 самок кладет по 120 яиц;
в конце июня выходит 25 920 000 мух, в их числе 12 960 000 самок;
5 июля 12 960 000 самок кладут по 120 яиц; в июле выходит 1 555 200 000 мух; среди них 777 600 000 самок; 25 июля выходит 93 312 000 000 мух; среди них 46 656 000 000 самок;
13 августа выходит 5 598 720 000 000 мух; среди них 2 799 360 000 000 самок;
1 сентября выходит 355 923 200 000 000 мух.
Чтобы яснее представить себе эту огромную массу мух, которые при беспрепятственном размножении могли бы в течение одного лета народиться от одной пары, вообразим, что они выстроены в прямую линию, одна возле другой. Так как длина мухи 5 мм, то все эти мухи вытянулись бы на 2500 млн км — в 18 раз больше, чем расстояние от Земли до Солнца (т. е. примерно как от Земли до далекой планеты Уран)...

Рис. 75. Потомство одной мухи за лето можно было бы вытянуть в линию от Земли до Урана

В заключение приведем несколько подлинных случаев необыкновенно быстрого размножения животных, поставленных в благоприятные условия.

В Америке первоначально не было воробьев. Эта столь обычная у нас птица была ввезена в Соединенные Шта-

Рис. 76. Воробей стал быстро размножаться

ты намеренно с той целью, чтобы она уничтожала там вредных насекомых. Воробей, как известно, в изобилии поедает прожорливых гусениц и других насекомых, вредящих садам и огородам. Новая обстановка полюбилась воробьям: в Америке не оказалось хищников, истребляющих этих птиц, и воробей стал быстро размножаться. Количество вредных насекомых начало заметно уменьшаться; но вскоре воробьи так размножились, что из-за недостатка животной пищи принялись за растительную и стали опустошать посевы. Пришлось приступить к борьбе с воробьями; борьба эта обошлась американцам так дорого, что на будущее время издан был закон, запрещающий ввоз в Америку каких бы то ни было животных.

Второй пример. В Австралии не существовало кроликов, когда этот материк открыт был европейцами. Кролик ввезен туда в конце XVIII века, и так как там отсутствуют хищники, питающиеся кроликами, то размножение этих грызунов пошло необычайно быстрыми темпами.

Рис. 77. Полчища кроликов наводнили Австралию

Вскоре полчища кроликов наводнили всю Австралию, нанося страшный вред сельскому хозяйству и превратившись в подлинное бедствие. На борьбу с этим бичом сельского хозяйства брошены были огромные средства, и только благодаря энергичным мерам удалось справиться с бедой. Приблизительно то же самое повторилось позднее с кроликами в Калифорнии.

Третья поучительная история произошла на острове Ямайка. Здесь водились в изобилии ядовитые змеи. Чтобы от них избавиться, решено было ввезти на остров птицу-секретаря, яростного истребителя ядовитых змей. Число змей действительно вскоре уменьшилось, зато необычайно расплодились полевые крысы, раньше поедавшиеся змеями. Крысы приносили такой ущерб плантациям сахарного тростника, что пришлось серьезно подумать об их истреблении. Известно, что врагом крыс является индийский мангуст. Решено было привезти на остров 4 пары этих животных и предоставить им свободно размножаться. Мангусты хорошо приспособились к новой родине и быстро заселили весь остров. Не прошло и десяти лет, как они почти уничтожили на нем

Рис. 78. Птица-секретарь — истребитель змей

Рис. 79. Мангусты быстро заселили остров

крыс. Но, увы, истребив крыс, мангусты стали питаться чем попало, сделавшись всеядными животными: нападали на щенят, козлят, поросят, домашних птиц и их яйца. А размножившись еще более, принялись за плодовые сады, хлебные поля, плантации. Жители приступили к уничтожению своих недавних союзников, но им удалось лишь до некоторой степени ограничить приносимый мангустами вред.

60. Бесплатный обед

I

Десять молодых людей решили отпраздновать окончание средней школы товарищеским обедом в ресторане. Когда все собрались и надо было подавать блюда, заспорили о том, как усесться вокруг стола. Одни предлагали разместиться в алфавитном порядке, другие — по возрасту, третьи — по успеваемости, четвертые — по росту и т. д. Спор затянулся, суп успел остыть, а за стол никто

Рис. 80. «Сядьте за стол как кому придется...»

не садился. Примирил всех официант, обратившийся к ним с такой речью:
— Молодые друзья мои, оставьте ваши пререкания. Сядьте за стол как кому придется и выслушайте меня.
Все сели как попало. Официант продолжал:
— Пусть один из вас запишет, в каком порядке вы сейчас сидите. Завтра вы снова явитесь сюда пообедать и разместитесь уже в ином порядке. Послезавтра сядете опять по-новому и т. д., пока не попробуете все возможные размещения. Когда же придет черед вновь сесть так, как сидите вы здесь сегодня, тогда — обещаю торжественно — я начну ежедневно угощать вас бесплатно самыми изысканными обедами.
Предложение понравилось.
Решено было ежедневно собираться в этом ресторане и перепробовать все способы размещения за столом, чтобы скорее начать пользоваться бесплатными обедами.
Однако им не пришлось дождаться этого дня. И вовсе не потому, что официант не исполнил обещания, а по-

Рис. 81. Решено было перепробовать все способы размещения за столом

тому, что число всех возможных размещений за столом чересчур велико. Оно равняется ни мало ни много — 3 628 800. Такое число дней составляет, как нетрудно сосчитать, почти 10 000 лет!

II

Вам, быть может, кажется невероятным, чтобы 10 человек могли размещаться таким большим числом различных способов. Проверьте расчет сами.

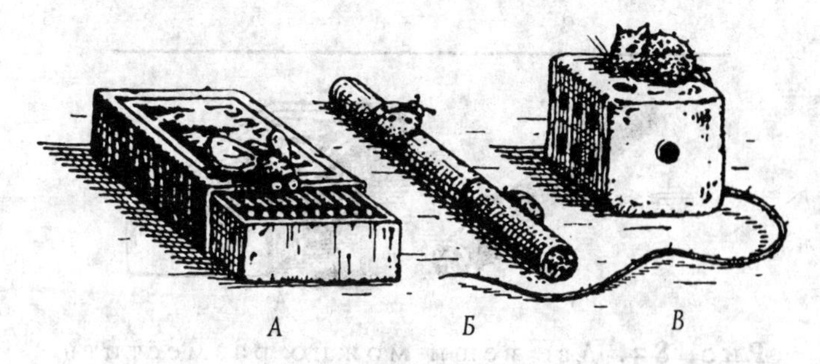

Рис. 82. Назовем предметы *А*, *Б* и *В*

Раньше всего надо научиться определять число перестановок. Для простоты начнем вычисление с небольшого числа предметов — с трех. Назовем их *А*, *Б* и *В*.

Мы желаем узнать, сколькими способами возможно переставлять их один на место другого. Рассуждаем так. Если отложить пока в сторону вещь *В*, то остальные две можно разместить только двумя способами **(рис. 83)**.

Теперь будем присоединять вещь *В* к каждой из этих пар. Мы можем сделать это трояко: можем

1) поместить *В* позади пары,
2) » *В* впереди пары,
3) » *В* между вещами пары.

Других положений для вещи *В*, кроме этих трех, очевидно, быть не может. А так как у нас две пары — *АБ* и *БА*, то всех способов разместить вещи наберется

$$2 \times 3 = 6.$$

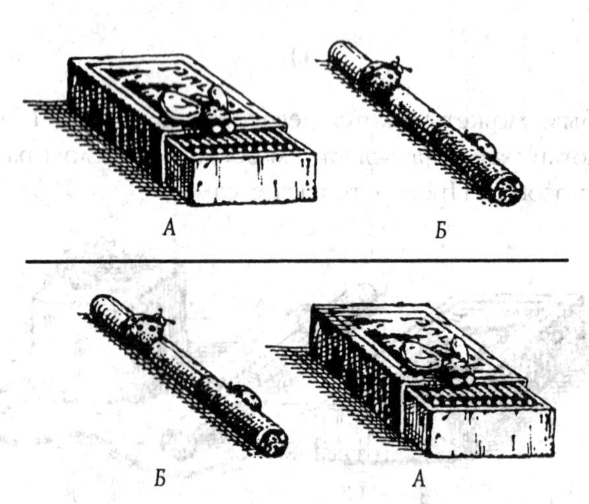

Рис. 83. Две вещи можно разместить только двумя способами

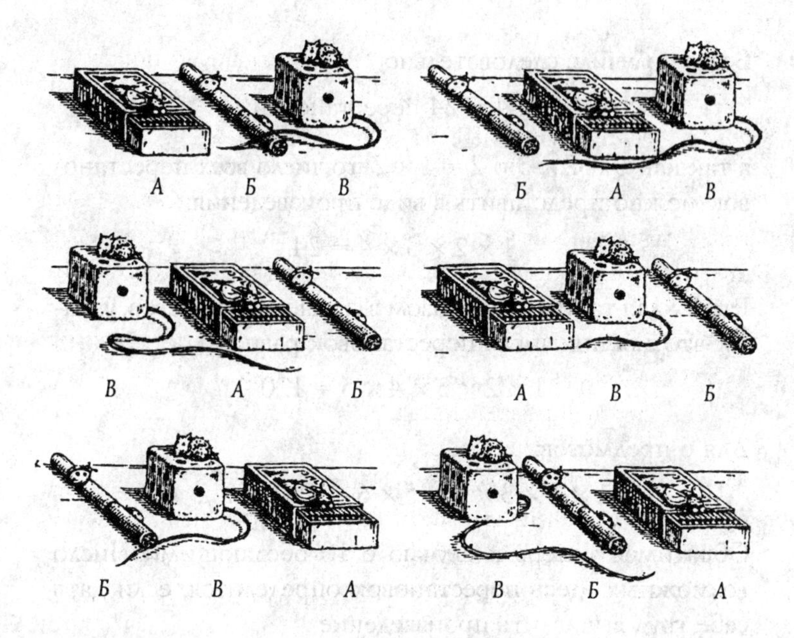

Рис. 84. Три вещи можно разместить шестью способами

Способы эти показаны на **рис. 84.**

Пойдем дальше — сделаем расчет для 4 вещей. Пусть у нас 4 вещи: *А*, *Б*, *В*, и *Г*. Опять отложим пока в сторону одну вещь, например *Г*; а с остальными тремя сделаем все возможные перестановки.

Мы знаем уже, что число этих перестановок — 6. Сколькими же способами можно присоединить четвертую вещь *Г* к каждой из 6 троек? Очевидно, четырьмя: можно

1) поместить *Г* позади тройки;
2) » *Г* впереди тройки;
3) » *Г* между 1-й и 2-й вещью;
4) » *Г* между 2-й и 3-й вещью.

Всего получим, следовательно,

$$6 \times 4 = 24 \text{ перестановки};$$

а так как $6 = 2 \times 3$ и $2 = 1 \times 2$, то число всех перестановок можно представить в виде произведения:

$$1 \times 2 \times 3 \times 4 = 24.$$

Рассуждая таким же образом в случае 5 предметов, узнаем, что для них число перестановок равно

$$1 \times 2 \times 3 \times 4 \times 5 = 120.$$

Для 6 предметов:

$$1 \times 2 \times 3 \times 4 \times 5 \times 6 = 720 \text{ и т. д.}$$

Обратимся теперь к случаю с 10 обедающими. Число возможных здесь перестановок определится, если дать себе труд вычислить произведение

$$1 \times 2 \times 3 \times 4 \times 5 \times 6 \times 7 \times 8 \times 9 \times 10.$$

Тогда и получится указанное выше число 3 628 800.

III

Расчет был бы сложнее, если бы среди 10 обедающих было 5 девушек и они желали бы сидеть за столом непременно так, чтобы чередоваться с юношами. Хотя число возможных перемещений здесь гораздо меньше, вычислить его несколько труднее.

Пусть сядет за стол — безразлично как — один из юношей. Остальные четверо могут разместиться, оставляя между собою пустые стулья для девушек, $1 \times 2 \times 3 \times 4 = 24$ различными способами. Так как всех стульев 10, то первый юноша может сесть 10 способами; значит, число всех возможных размещений для молодых людей $10 \times 24 = 240$.

Сколькими же способами могут сесть на пустые стулья между юношами 5 девушек? Очевидно, $1 \times 2 \times 3 \times 4 \times 5 = 120$ способами. Сочетая каждое из 240 положений юношей с каждым из 120 положений девушек, получаем число всех возможных размещений:

$$240 \times 120 = 28\,800.$$

Число это во много раз меньше предыдущего и потребовало бы всего 79 лет (без малого). Доживи молодые посетители ресторана до столетнего возраста, они могли бы дождаться бесплатного обеда если не от самого официанта, то от его наследников.

Умея подсчитывать перестановки, мы можем определить теперь, сколько различных расположений шашек[1] возможно в коробке игры в «15». Другими словами, можем подсчитать число всех задач, какие способна предложить нам эта игра. Легко понять, что подсчет сводится к определению числа перестановок из 15 предметов. Мы знаем уже, что для этого нужно перемножить

$$1 \times 2 \times 3 \times 4 \times \ \dots \ \text{и т. д.} \ \dots \ \times 14 \times 15.$$

Вычисление дает итог:

$$1\,307\,674\,365\,000,$$

т. е. больше триллиона.

Из этого огромного числа задач половина неразрешима. Существует, значит, свыше 600 миллиардов неразрешимых положений в этой игре. Отсюда понятна отчасти та

[1] При этом свободная клетка должна всегда оставаться в правом нижнем углу.

эпидемия увлечения игрой в «15», которая охватила людей, не подозревавших о существовании такого огромного числа неразрешимых случаев.

IV

Заканчивая нашу беседу о числе перестановок, решим такую задачу из школьной жизни.

В классе 25 учеников. Сколькими способами можно рассадить их по партам?

Путь решения этой задачи — для тех, кто усвоил себе все сказанное раньше — весьма несложен: нужно перемножить 25 таких чисел:

$$1 \times 2 \times 3 \times 4 \times 5 \times 6 \ \dots \ \times 23 \times 24 \times 25.$$

Результат получается огромный, из 26 цифр — число, величину которого наше воображение не в силах себе представить. Вот оно[1]:

15 511 210 043 330 985 984 000 000.

Из всех чисел, какие встречались нам до сих пор, это, конечно, самое крупное, и ему больше всех прочих принадлежит право называться «числом-великаном».

61. Перекладывание монет

В детстве старший брат показал мне, помню, занимательную игру с монетами. Поставив рядом три блюдца, он положил в крайнее блюдце стопку из 5 монет: вниз — рублевую, на нее — полтинник, выше — двугри-

[1] Как прочесть это число? Оно произносится так: 15 511 секстиллионов 210 квинтиллионов 43 квадриллиона 330 триллионов 985 миллиардов 984 миллиона. — *Прим. ред.*

Рис. 85. Брат показал мне занимательную игру

венный, далее — пятиалтынный и на самый верх — гривенник.[1]

— Все 5 монет, — заявил он, — нужно перенести на третье блюдце, соблюдая следующие три правила, первое правило: за один раз перекладывать только одну монету. Второе: никогда не класть большей монеты на меньшую. Третье: можно временно класть монеты и на среднее блюдце, соблюдая оба правила, но к концу игры все

[1] *Полтинник* — монета достоинством 50 коп., *двугривенный* — 20 коп., *пятиалтынный* — 15 коп., *гривенник* — 10 коп.

Повторяя эту игру, читатель может взять любые 5 монет (или картонных кружков). Важно лишь, чтобы монета, лежащая в самом начале внизу, была самой большой, а дальше монеты располагались в порядке убывания их диаметра снизу вверх. — *Прим. ред.*

Так выглядели монеты, о которых идет речь

монеты должны очутиться на третьем блюдце в первоначальном порядке. Правила, как видишь, несложные. А теперь приступай к делу.

Я принялся перекладывать. Положил гривенник на третье блюдце, пятиалтынный на среднее и запнулся. Куда положить двугривенный? Ведь он крупнее и гривенника, и пятиалтынного.

— Ну, что же? — выручил меня брат. — Клади гривенник на среднее блюдце, поверх пятиалтынного. Тогда для двугривенного освободится третье блюдце.

Я так и сделал. Но дальше — новое затруднение. Куда положить полтинник? Впрочем, я скоро догадался: перенес сначала гривенник на первое блюдце, пятиалтынный на третье и затем гривенник тоже на третье. Теперь полтинник можно положить на свободное среднее блюдце. Дальше, после длинного ряда перекладываний, мне удалось перенести также рублевую монету с первого блюдца и, наконец, собрать всю кучку монет на третьем блюдце.

— Сколько же ты проделал всех перекладываний? — спросил брат, одобрив мою работу.

— Не считал.

— Давай сосчитаем. Интересно же знать, каким наименьшим числом ходов можно достигнуть цели. Если бы стопка состояла не из 5, а только из 2 монет — пятиалтынного и гривенника, — то сколько понадобилось бы ходов?

— Три: гривенник на среднее блюдце, пятиалтынный — на третье и затем гривенник на третье блюдце.

— Правильно. Прибавим теперь еще монету — двугривенный — и сосчитаем, сколькими ходами можно перенести стопку из этих монет. Поступаем так: сначала последовательно перенесем меньшие две монеты на среднее блюдце. Для этого нужно, как мы уже знаем, 3 хода. Затем перекладываем двугривенный на свободное третье блюдце — 1 ход. А тогда переносим обе монеты со среднего блюдца тоже на третье — еще 3 хода. Итого всех ходов:

$$3 + 1 + 3 = 7.$$

— Для четырех монет число ходов позволь мне сосчитать самому. Сначала переношу 3 меньшие монеты на среднее блюдце — 7 ходов; потом полтинник на третье блюдце — 1 ход и затем снова три меньшие монеты на третье блюдце — еще 7 ходов. Итого:

$$7 + 1 + 7 = 15.$$

— Отлично. А для пяти монет?

— 15 + 1 + 15 = 31, — сразу сообразил я.

— Ну, вот ты и уловил способ вычисления. Но я покажу тебе, как можно его еще упростить. Заметь, что полученные нами числа 3, 7, 15, 31 — все представляют собой двойку, умноженную на себя один или несколько раз, но без единицы. Смотри.

Рис. 86. Жрецы обязаны перекладывать кружки...

И брат написал табличку:

$$3 = 2 \times 2 - 1$$
$$7 = 2 \times 2 \times 2 - 1$$
$$15 = 2 \times 2 \times 2 \times 2 - 1$$
$$31 = 2 \times 2 \times 2 \times 2 \times 2 - 1.$$

— Понимаю: сколько монет перекладывается, столько раз берется двойка множителем, а затем отнимается единица. Я мог бы теперь вычислить число ходов для любой стопки монет. Например, для 7 монет:

$$2 \times 2 \times 2 \times 2 \times 2 \times 2 \times 2 - 1 = 128 - 1 = 127.$$

— Вот ты и постиг эту старинную игру. Одно только практическое правило надо тебе еще знать: если в стопке число монет нечетное, то первую монету перекладывают на третье блюдце, если четное — то на среднее блюдце.

— Ты сказал: старинная игра. Разве не сам ты ее придумал?

— Нет, я только применил ее к монетам. Игра очень древнего происхождения и зародилась, говорят, в Индии. Существует интересная легенда, связанная с этой игрой. В городе Бенаресе будто бы имеется храм, в котором индусский бог Брама при сотворении мира установил три алмазных палочки и надел на одну из них 64 золотых кружка: самый большой внизу, а каждый следующий меньше предыдущего. Жрецы храма обязаны без устали, днем и ночью, перекладывать эти кружочки с одной палочки на другую, пользуясь третьей, как вспомогательной, и, соблюдая правила нашей игры, переносить за раз только один кружок и не класть большего на меньший. Легенда говорит, что когда будут перенесены все 64 кружка, наступит конец мира.

— О, значит, мир давно уже должен был погибнуть, если верить этому преданию!

— Ты, по-видимому, думаешь, что перенесение 64 кружков не должно отнять много времени?

— Конечно. Делая каждую секунду один ход, можно ведь в час успеть проделать 3600 перенесений.

— Ну и что же?

— А в сутки — около ста тысяч. В десять дней — миллион ходов. Миллионом же ходов можно, я уверен, перенести хоть тысячу кружков.

— Ошибаешься. Чтобы перенести всего 64 кружка, нужно уже круглым счетом 500 миллиардов лет.

— «Только» 18 триллионов с лишком, если называть триллионом миллион миллионов.

— Погоди, я сейчас перемножу и проверю.
— Прекрасно. А пока будешь умножать, я успею сходить по своим делам.
И брат ушел, оставив меня погруженным в выкладки. Я нашел сначала произведение 16 двоек, затем умножил этот результат — 65 536 — сам на себя, а то, что получилось, — снова на себя. Потом не забыл отнять единицу.
У меня получилось такое число[1]:

18 446 744 073 709 551 615.

Брат, значит, был прав.
Вам, вероятно, интересно было бы знать, какими числами в действительности определяется возраст мира. Ученые располагают на этот счет некоторыми, конечно, лишь приблизительными данными:

Солнце существует.........	10 000 000 000 000	лет
Земной шар	2 000 000 000	»
Жизнь на Земле	300 000 000	»
Человек	300 000	»

62. Пари

В столовой дома отдыха за обедом зашла речь о том, как вычисляется вероятность событий. Молодой математик, оказавшийся среди обедающих, вынул монету и сказал:
— Кидаю на стол монету не глядя. Какова вероятность, что она упадет гербом вверх?
— Объясните сначала, что значит «вероятность», — раздались голоса. — Не всем ясно.

---

[1] Читателю уже знакомо это число: оно определяет награду, затребованную изобретателем шахматной игры.

Рис. 87. Монета может лечь на стол двояко

— О, это очень просто! Монета может лечь на стол двояко: вот так — гербом вверх и вот так — гербом вниз. Всех случаев здесь возможно только два. Из них для интересующего нас события благоприятен лишь один случай. Теперь находим отношение

$$\frac{\text{числа благоприятных случаев}}{\text{к числу возможных случаев}} = \frac{1}{2}.$$

Дробь $^1/_2$ и выражает «вероятность» того, что монета упадет гербом вверх.

— С монетой-то просто, — вмешался кто-то. — А вы рассмотрите случай посложней, с игральной костью например.

— Давайте рассмотрим, — согласился математик. — У нас игральная кость, кубик с цифрами на гранях. Какова вероятность, что брошенный кубик упадет определенной цифрой вверх, скажем, вскроется шестеркой? Сколько здесь всех возможных случаев? Кубик может лечь на любую из своих шести граней; значит, возможно всего 6 случаев. Из них благоприятен нам только один: когда вверху шестерка. Итак, вероятность получится от деления 1 на 6. Короче говоря, она выражается дробью $^1/_6$.

— Неужели можно вычислить вероятность во всех случаях? — спросила одна из отдыхающих. — Возьмите такой пример. Я загадала, что первый прохожий, которого мы увидим из окна столовой, будет мужчина. Какова вероятность, что я отгадала?

— Вероятность, очевидно, равна половине, если только мы условимся и годовалого мальчика считать за мужчину. Число мужчин на свете равно числу женщин.

— А какова вероятность, что первые двое прохожих окажутся оба мужчинами? — спросил один из отдыхающих.

— Этот расчет немногим сложнее. Перечислим, какие здесь вообще возможны случаи. Во-первых, возможно, что оба прохожих будут мужчины. Во-вторых, что сначала покажется мужчина, за ним женщина. В-третьих, наоборот: что раньше появится женщина, потом мужчина. И, наконец, четвертый случай: оба прохожих — женщины. Итак, число всех возможных случаев — 4. Из них благоприятен, очевидно, только один случай — первый. Получаем для вероятности дробь $^1/_4$. Вот ваша задача и решена.

— Понятно. Но можно поставить вопрос и о трех мужчинах: какова вероятность, что первые трое прохожих все окажутся мужчинами?

— Что же, вычислим и это. Начнем опять с подсчета возможных случаев. Для двоих прохожих число всех случаев равно, мы уже знаем, четырем. С присоединением третьего прохожего число возможных случаев

увеличивается вдвое, потому что к каждой из четырех перечисленных группировок двух прохожих может присоединиться либо мужчина, либо женщина. Итого, всех случаев возможно здесь $4 \times 2 = 8$. А искомая вероятность, очевидно, равна $^1/_8$, потому что благоприятен событию только 1 случай. Здесь легко подметить правило подсчета:
в случае двух прохожих мы имели вероятность

$$\frac{1}{2} \times \frac{1}{2} = \frac{1}{4};$$

в случае трех —

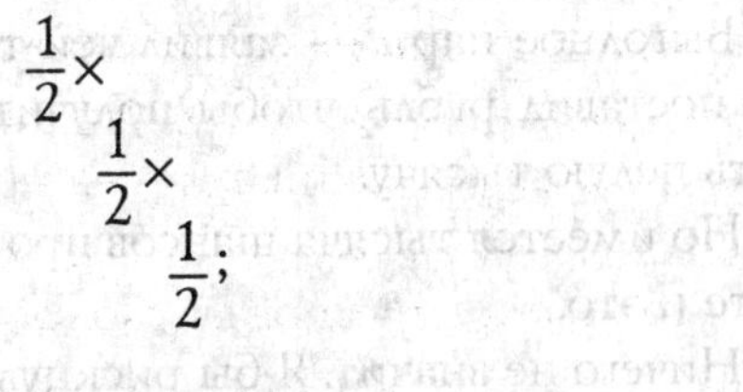

$$\frac{1}{2} \times \frac{1}{2} \times \frac{1}{2};$$

Рис. 88. Игральная кость

в случае четырех — вероятность равна произведению четырех половинок и т. д.

Вероятность все уменьшается, как видите.

— Чему же она равна, например, для десятка прохожих?

— То есть какова вероятность, что первые десять прохожих все кряду окажутся мужчинами? Вычислим, как велико произведение десяти половинок. Это — $^1/_{1024}$, менее одной тысячной доли. Значит, если вы бьетесь об заклад, что это случится, и ставите 1 рубль, то я могу ставить 1000 рублей за то, что этого не произойдет,

— Выгодное пари, — заявил чей-то голос. — Я бы охотно поставил рубль, чтобы получить возможность выиграть целую тысячу.

— Но имеется тысяча шансов против вашего одного, учтите и это.

— Ничего не значит. Я бы рискнул рублем против тысячи даже и за то, что сотня прохожих окажутся все подряд мужчинами.

— А вы представляете себе, как мала вероятность такого события? — спросил математик.

— Одна миллионная или что-нибудь в этом роде?

— Неизмеримо меньше! Миллионная доля получится уже для 20 прохожих. Для сотни прохожих будем иметь... Дайте-ка я прикину на бумажке. Миллиардная... Триллионная... Квадриллионная... Ого! Вероятность равна единице, деленной на единицу с тридцатью нулями!

— Только и всего?

— Вам мало 30 нулей? Вы знаете, что в океане нет и тысячной доли такого числа мельчайших капелек?

— Внушительное число, что и говорить! Сколько же вы поставите против моей копейки?
— Ха-ха!.. Все! Все, что у меня есть.
— Все — это слишком много. Ставьте на кон ваш велосипед. Ведь не поставите?
— Почему же нет? Пожалуйста! Пусть велосипед, если желаете. Я нисколько не рискую.
— И я не рискую. Невелика сумма копейка. Зато могу выиграть велосипед, а вы почти ничего.
— Да поймите же, что вы проиграете наверняка! Велосипед никогда не достанется, а копейка ваша, можно сказать, уже в моем кармане.
— Что вы делаете! — удерживал математика приятель. — Из-за копейки рискуете велосипедом. Безумие!
— Напротив, — ответил математик, — безумие ставить хотя бы одну копейку при таких условиях. Верный ведь проигрыш! Уж лучше прямо выбросить копейку.
— Но один-то шанс все же имеется?
— Одна капля в целом океане. В десяти океанах! Вот ваш шанс. А за меня десять океанов против одной капельки. Мой выигрыш так же верен, как дважды два — четыре.
— Увлекаетесь, молодой человек, — раздался спокойный голос старика, все время молча слушавшего спор. — Увлекаетесь...
— Как? И вы, профессор, рассуждаете по-обывательски?
— Подумали ли вы о том, что не все случаи здесь равновозможны? Расчет вероятности правилен лишь для каких событий? Для равновозможных, не так ли? А в рассматриваемом примере... Впрочем, — сказал старик, прислушиваясь, — сама действительность, кажется, сей-

час разъяснит вам вашу ошибку. Слышна военная музыка, не правда ли?

— При чем тут музыка?.. — начал было молодой математик и осекся. На лице его выразился испуг. Он сорвался с места, бросился к окну и высунул голову.

— Так и есть, — донесся его унылый возглас. — Проиграно пари! Прощай, мой велосипед...

Через минуту всем стало ясно, в чем дело. Мимо окон проходил батальон красноармейской пехоты.

63. Числовые великаны вокруг и внутри нас

Нет надобности выискивать исключительные положения, чтобы встретиться с числовыми великанами. Они присутствуют всюду вокруг и даже внутри нас самих — надо лишь уметь рассмотреть их. Небо над головой, песок под ногами, воздух вокруг нас, кровь в нашем теле — все скрывает в себе невидимых великанов из мира чисел.

I

Числовые исполины небесных пространств для большинства людей не являются неожиданными. Хорошо известно, что зайдет ли речь о числе звезд Вселенной, об их расстояниях от нас и между собой, об их размерах, весе, возрасте — во всех случаях мы неизменно встречаемся с числами, подавляющими воображение своей огромностью. Недаром выражение «астрономическое число» сделалось крылатым.

Многие, однако, не знают, что даже и те небесные тела, которые астрономы часто называют «маленькими», оказываются настоящими великанами, если применить к ним привычную земную мерку. Существуют в нашей Солнечной системе планеты, которые ввиду их незначительных размеров получили у астрономов наименование «малых». Среди них имеются и такие, поперечник которых равен нескольким километрам. В глазах астронома, привыкшего к исполинским масштабам, они так малы, что, говоря о них, он пренебрежительно называет их «крошечными». Но они представляют собой «крошечные» тела только рядом с другими небесными светилами, еще более огромными; на обычную же человеческую мерку они далеко не миниатюрны. Поверхность самого мелкого из них могла бы вместить все население нашего Союза.

Возьмем «крошечную» планету с диаметром 3 км: такая планета недавно открыта. По правилам геометрии легко рассчитать, что поверхность такого тела заключает 28 кв. км, или 28 000 000 кв. м. На 1 квадратном метре могут поместиться стоя человек 6. Как видите, на 28 миллионах кв. м найдется место для 168 миллионов человек, т. е. для населения всего СССР[1].

II

Песок, попираемый нами, также вводит нас в мир числовых исполинов. Каждая горсть мелкого песка заключает в себе не меньше отдельных песчинок, чем жителей

[1] Нужно учесть, что данные эти относятся к 1930-м годам. К настоящему времени население республик бывшего СССР сильно выросло; более 147 миллионов человек живет теперь на территории одной только России. — *Прим. ред.*

в целом Союзе. Недаром сложилось издавна выражение «бесчисленны, как песок морской».

Впрочем, древние недооценивали многочисленность песка, считая ее одинаковой с многочисленностью звезд. В старину не было телескопов, а простым глазом мы видим на небе всего около 3500 звезд (в одном полушарии). Песок на морском берегу в миллионы раз многочисленнее, чем звезды, доступные невооруженному зрению.

Величайший числовой гигант скрывается в том воздухе, которым мы дышим. Каждый кубический сантиметр воздуха, каждый наперсток заключает в себе 27 с 18 нулями мельчайших частиц, называемых «молекулами».

Невозможно даже представить себе, как велико это число. Если бы на свете было столько людей, для них буквально не хватило бы места на нашей планете. В самом деле, поверхность земного шара, считая все его материки и океаны, равна 500 миллионам кв. км. Раздробив в квадратные метры, получим

500 000 000 000 000 кв. м.

Поделим 27 с 18 нулями на это число, и мы получим 54 000. Это означает, что на каждый квадратный метр земной поверхности приходилось бы более 50 тысяч человек!

III

Было упомянуто раньше, что числовые великаны скрываются и внутри человеческого тела. Покажем это на примере нашей крови. Если каплю ее рассмотреть под микроскопом, то окажется, что в ней плавает огром-

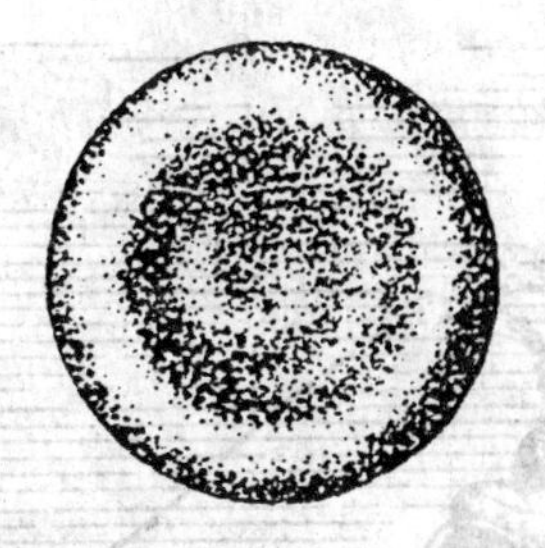

Рис. 89. Красное кровяное тельце человека (увеличенное в 3000 раз)

ное множество чрезвычайно мелких телец красного цвета, которые и придают крови ее окраску. Каждое такое «красное кровяное тельце» имеет форму крошечной круглой подушечки, посредине вдавленной **(рис. 89)**.

Все они у человека примерно одинаковых размеров и имеют в поперечнике около 0,007 мм, а толщину — 0,002 мм. Зато число их огромно. В крошечной капельке крови, объемом 1 куб. мм, их заключается 5 миллионов. Сколько же их всего в нашем теле?

В теле человека примерно в 14 раз меньше литров крови, чем килограммов в его весе. Если вы весите 40 кг, то крови в вашем теле около 3 литров, или 3 000 000 куб. мм. Так как каждый куб. мм заключает 5 миллионов красных телец, то общее число их в вашей крови:

$$5\,000\,000 \times 3\,000\,000 = 15\,000\,000\,000\,000.$$

15 триллионов кровяных телец!

Какую длину займет эта армия кружочков, если выложить ее в ряд, один к другому?

Нетрудно рассчитать, что длина такого ряда была бы 105 000 км. Более чем на сто тысяч километров растяну-

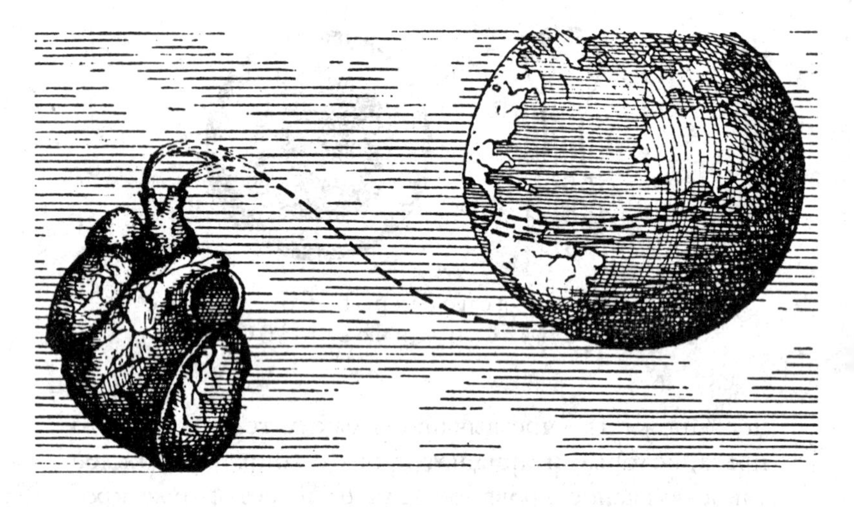

Рис. 90. Нитью из кровяных телец взрослого человека можно было бы трижды обмотать земной шар по экватору

лась бы нить из красных телец вашей крови. Ею можно было бы обмотать земной шар по экватору:

$$105\,000 : 40\,000 = 2{,}6 \text{ раза},$$

а нитью из кровяных шариков взрослого человека — три раза.

Объясним, какое значение для нашего организма имеет такое измельчение кровяных телец. Назначение этих телец — разносить кислород по всему телу. Они захватывают кислород, когда кровь проходит через легкие и вновь выделяют его, когда кровяной ток заносит их в ткани нашего тела, в его самые удаленные от легких уголки. Сильное измельчение этих телец способствует выполнению ими этого назначения, потому что чем они мельче при огромной численности, тем больше их поверхность, а кровяное тельце может поглощать и выделять кислород только со своей поверхности.

Расчет показывает, что общая поверхность их во много раз превосходит поверхность человеческого тела и равна 1200 кв. м. Такую площадь имеет большой огород в 40 м длины и 30 м ширины. Теперь вы понимаете, до какой степени важно для жизни организма то, что кровяные тельца сильно раздроблены и так многочисленны: они могут захватывать и выделять кислород на поверхности, которая в тысячу раз больше поверхности нашего тела.

Числовым великаном по справедливости следует назвать и тот внушительный итог, который получился бы, если бы вы подсчитали, сколько всякого рода пищи пропускает человек через свое тело за 70 лет средней жизни.

Рис. 91. Сколько съедает человек в течение жизни?

Целый железнодорожный поезд понадобился бы для перевозки тех тонн воды, хлеба, мяса, дичи, рыбы, картофеля и других овощей, тысяч яиц, тысяч литров молока и т. д., которые человек успевает скушать в течение своей жизни. Рис. 91 дает наглядное представление об этом неожиданно большом итоге, более чем в тысячу раз превышающем по весу человеческое тело. При виде его не веришь, что человек может справиться с таким исполином, буквально проглатывая — правда, не разом — груз длинного товарного поезда.

Глава восьмая

БЕЗ МЕРНОЙ ЛИНЕЙКИ

Мерная линейка или лента не всегда оказывается под руками, и полезно уметь обходиться как-нибудь без них, производя хотя бы приблизительные измерения.

I

Мерить более или менее длинные расстояния, например во время экскурсий, проще всего шагами. Для этого нужно знать длину своего шага и уметь шаги считать. Конечно, они не всегда одинаковы: мы можем делать мелкие шаги, можем при желании шагать и широко. Но все же при обычной ходьбе мы делаем шаги приблизительно одной длины, и если знать среднюю их длину, то можно без большой ошибки измерить расстояния шагами.

Чтобы узнать длину своего среднего шага, надо измерить длину многих шагов вместе и вычислить отсюда длину одного. При этом, разумеется, нельзя уже обойтись без мерной ленты или шнура.

Вытяните ленту на ровном месте и отмерьте расстояние в 20 м. Прочертите эту линию на земле и уберите ленту. Теперь пройдите по линии обычным шагом и сосчитайте число сделанных шагов. Возможно, что шаг не уложится целое число раз на отмеренной длине. Тогда, если остаток короче половины длины шага, его можно просто откинуть; если же длиннее полушага, остаток считают за целый шаг. Разделив общую длину 20 м на число шагов, получим среднюю длину одного шага. Это число надо запомнить, чтобы, когда придется, пользоваться им для промеров.

Чтобы при счете шагов не сбиться, можно — особенно на длинных расстояниях — вести счет следующим образом. Считают шаги только до 10; досчитав до этого числа, загибают один палец левой руки. Когда все пальцы левой руки загнуты, т. е. пройдено 50 шагов, загибают один палец на правой руке. Так можно вести счет до 250, после чего начинают сызнова, запоминая, сколько раз были загнуты все пальцы правой руки. Если, например пройдя некоторое расстояние, вы загнули все пальцы правой руки два раза и к концу пути у вас окажутся загнутыми на правой руке 3 пальца, а на левой 4, то вами сделано было шагов

$$2 \times 250 + 3 \times 50 + 4 \times 10 = 690.$$

Сюда нужно прибавить еще те несколько шагов, которые сделаны после того, как был загнут в последний раз палец левой руки.

Отметим попутно следующее старое правило: длина среднего шага взрослого человека равна половине расстояния от его глаз до ступней.

Другое старинное практическое правило относится к скорости ходьбы: человек проходит в час столько километров, сколько шагов делает он в 3 с. Легко показать, что правило это верно лишь для определенной длины шага и притом для довольно большого шага. В самом деле: пусть длина шага x м, а число шагов в 3 с равно n. Тогда в 3 с пешеход делает nx м, а в час (3600 с) — 1200 nx м, или 1,2 nx км. Чтобы путь этот равнялся числу шагов, делаемых в 3 с, должно существовать равенство:

$$1{,}2\,nx = n$$

или

$$1{,}2\,x = 1,$$

откуда

$$x = 0{,}83 \text{ м}.$$

Если верно предыдущее правило о зависимости длины шага от роста человека, то второе правило, сейчас рассматриваемое, оправдывается только для людей среднего роста — около 175 см.

II

Для обмера предметов средней величины, не имея под рукой метровой линейки или ленты, можно поступать так. Надо натянуть веревочку или палку от конца протянутой в сторону руки до противоположного плеча (**рис. 92**) — это и есть у взрослого мужчины приблизительная длина метра. Другой способ получить примерную длину метра состоит в том, чтобы отложить по прямой линии 6 «четвертей», т. е. 6 расстояний между концами большого и указательного пальцев, расставленных как можно шире (**рис. 93, а**).

Последнее указание вводит нас в искусство мерить «голыми руками»: для этого необходимо лишь предварительно измерить кисть своей руки и твердо запомнить результаты промеров.

Что же надо измерить в кисти своей руки? Прежде всего ширину ладони, как показано на нашем **рис. 93, б**. У взрослого человека она равна примерно 10 см; у вас она, быть может, меньше, и вы должны знать, насколько именно меньше. Затем нужно измерить, как велико у нас расстояние между концами среднего и указательного пальцев, раздвинутых возможно шире (**рис. 93, в**). Далее полезно знать длину своего указательного пальца, считая от основания большого пальца, как указано на **рис. 93, г**. И, наконец, измерьте расстояние концов большого пальца и мизинца, когда они широко расставлены, как на **рис. 93, д**.

Рис. 92. Расстояние от конца вытянутой руки до плеча другой руки равно примерно одному метру

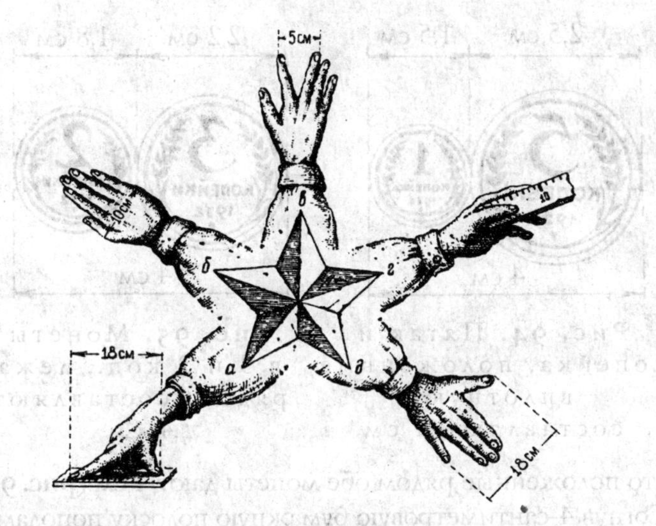

Рис. 93. Что надо измерить на своей руке, чтобы обходиться потом без мерной ленты

Пользуясь этим «живым масштабом», вы можете производить приблизительные измерения мелких предметов.

III

Хорошую службу также могут сослужить наши медные (бронзовые) монеты современной[1] чеканки. Не многим известно, что поперечник копеечной монеты в точности равен 1 $^1/_2$ см, а пятака — 2 $^1/_2$ см, так что положенные рядом обе монеты дают 4 см (**рис. 94**). Отняв от ширины пятака ширину копеечной монеты, получите ровно 1 см. Если пятака и копейки при вас не окажется, а будут только 2-копеечная и 3-копеечная монеты, то и они могут до известной степени выручить вас, если запомните твердо,

[1] Я. И. Перельман имеет в виду монеты, имевшие хождение в 1930-е годы.

Рис. 94. Пятак и копейка, положенные вплотную, составляют 4 см

Рис. 95. Монеты в 3 и 2 коп., лежа рядом, составляют 4 см

что положенные рядом обе монеты дают 4 см (**рис. 95**). Согнув 4-сантиметровую бумажную полоску пополам и затем еще раз пополам, получите масштаб из 1 см.

Вы видите, что при известной подготовке и находчивости вы и без мерной линейки можете производить годные для практики измерения.

К этому полезно будет прибавить еще, что наши медные (бронзовые) монеты могут служить при нужде не только масштабом, но и удобным разновесом для отвешивания грузов. Новые, не потертые медные монеты современной чеканки весят столько граммов, сколько обозначено на них копеек[1]: копеечная монета — 1 г, 2-копеечная — 2 г и т. д. Вес монет, бывших в употреблении, незначительно отступает от этих норм. Так как в обиходе часто не бывает под рукой именно мелких разновесок в 1–10 г, то знание сейчас указанных соотношений может весьма пригодиться.

---

[1] К сожалению, современные монеты не отвечают этой закономерности. Можно только надеяться, что и в отношении весов монет будет наведен порядок и мы сможем пользоваться монетами как гирями. — *Прим. ред.*

Глава девятая

ГЕОМЕТРИЧЕСКИЕ ГОЛОВОЛОМКИ

Для разрешения собранных в этой главе головоломок не требуется знания полного курса геометрии. С ними в силах справиться и тот, кто знаком лишь со скромным кругом начальных геометрических сведений. Две дюжины предлагаемых здесь задач помогут читателю удостовериться, действительно ли владеет он теми геометрическими знаниями, которые считает усвоенными.

Подлинное знание геометрии состоит не только в умении перечислять свойства фигур, но и в искусстве распоряжаться ими на практике для решения реальных задач. Что проку в ружье для человека, не умеющего стрелять?

Пусть же читатель проверит, сколько метких попаданий окажется у него из 24 выстрелов по геометрическим мишеням.

64. Телега

Почему передняя ось телеги больше стирается и чаще загорается, чем задняя?

Рис. 96. Какой величины угол, рассматриваемый в лупу?

65. В увеличительное стекло

Угол в $1\ ^1/_2{}^\circ$ рассматривают в лупу, увеличивающую в 4 раза. Какой величины покажется угол (**рис. 96**)?

66. Плотничий уровень

Вам знаком, конечно, плотничий уровень с газовым пузырьком (**рис. 97**), отходящим в сторону от метки, когда основание уровня имеет наклон. Чем больше этот наклон, тем больше отодвигается пузырек от средней метки.

Причина движения пузырька та, что, будучи легче жидкости, в которой он находится, он всплывает вверх. Но если бы трубка была прямая, пузырек при малейшем наклоне отбегал бы до самого конца трубки, т. е. до наиболее высокой ее части. Такой уровень, как легко понять, был бы на практике очень неудобен. Поэтому трубка уровня берется изогнутая, как показано на рисунке. При горизонтальном положении основания такого уров-

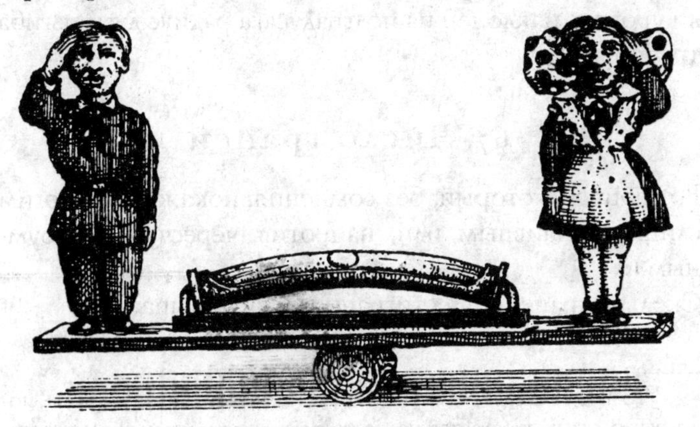

Рис. 97. Плотничий уровень

Рис. 98

ня пузырек, занимая высшую точку трубки, находится у ее середины; если же уровень наклонен, высшей точкой трубки становится уже не ее середина, а некоторая соседняя с ней точка, и пузырек отодвигается от метки на другое место трубки[1].

Вопрос задачи состоит в том, чтобы определить, на сколько миллиметров отодвинется от метки пузырек, если уровень наклонен на полградуса, а радиус дуги изгиба трубки — 1м.

67. Число граней

Вот вопрос, который, без сомнения, покажется многим слишком наивным или, напротив, чересчур хитроумным.

Сколько граней у шестигранного карандаша?

---

[1] Точнее было бы сказать: «Метка отодвигается от пузырька», потому что пузырек остается на месте, а трубка с меткой скользит мимо него.

Раньше чем заглянуть в ответ, внимательно вдумайтесь в задачу.

68. Лунный серп

Фигуру лунного серпа (**рис. 98**) требуется разделить на 6 частей, проведя всего только 2 прямые линии.
Как это сделать?

69. Из 12 спичек

Из 12 спичек можно составить фигуру креста (**рис. 99**), площадь которого равна 5 «спичечным» квадратам.
Измените расположение спичек так, чтобы контур фигуры охватывал площадь, равную только 4 «спичечным» квадратам. Пользоваться при этом услугами измерительных приборов нельзя.

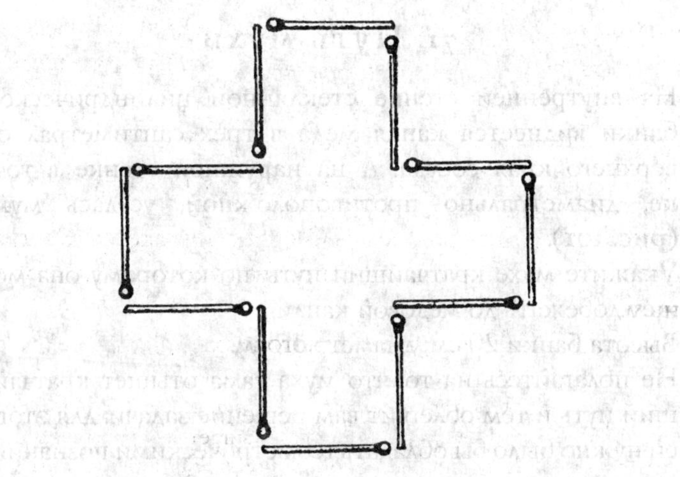

Рис. 99

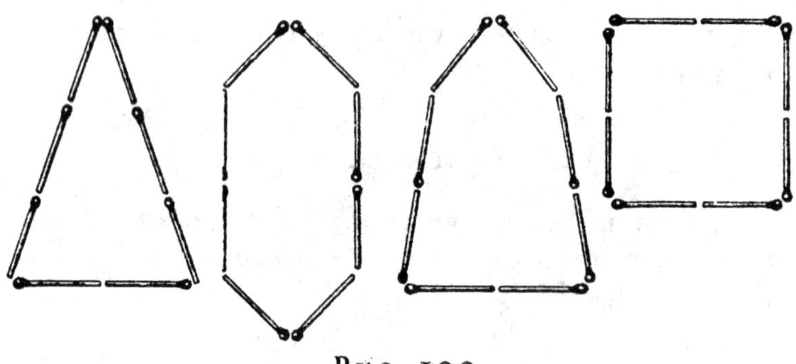

Рис. 100

70. Из 8 спичек

Из 8 спичек можно составить довольно разнообразные замкнутые фигуры. Некоторые из них представлены на **рис. 100**; площади их, конечно, различны.
Задача состоит в том, чтобы составить из 8 спичек фигуру, охватывающую наибольшую площадь.

71. Путь мухи

На внутренней стенке стеклянной цилиндрической банки виднеется капля меда в трех сантиметрах от верхнего края сосуда. А на наружной стенке в точке, диаметрально противоположной, уселась муха (**рис. 101**).
Укажите мухе кратчайший путь, по которому она может добежать до медовой капли.
Высота банки 20 см; диаметр 10 см.
Не полагайтесь на то, что муха сама отыщет кратчайший путь и тем облегчит вам решение задачи: для этого ей нужно было бы обладать геометрическими познаниями, слишком обширными для мушиной головы.

Рис. 101. Укажите мухе кратчайший путь к медовой капле

72. Найти затычку

Перед вами дощечка (рис. 102) с тремя отверстиями: квадратным, треугольным и круглым. Может ли существовать одна затычка такой формы, чтобы закрывать все эти разновидные отверстия?

Рис. 102. Найдите одну затычку к этим трем отверстиям

73. Вторая затычка

Если вы справились с предыдущей задачей, то, быть может, вам удастся найти затычку и для таких отверстий, какие показаны на **рис. 103**?

74. Третья затычка

Наконец, еще задача в том же роде: существует ли одна затычка для трех отверстий (**рис. 104**)?

75. Продеть пятак

Запаситесь двумя монетами современной[1] чеканки: 5-копеечной и 2-копеечной. На листке бумаги сделайте

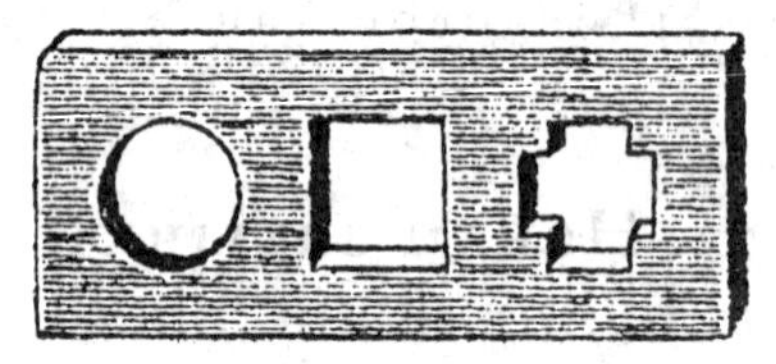

Рис. 103. Существует ли одна затычка к трем отверстиям такой формы?

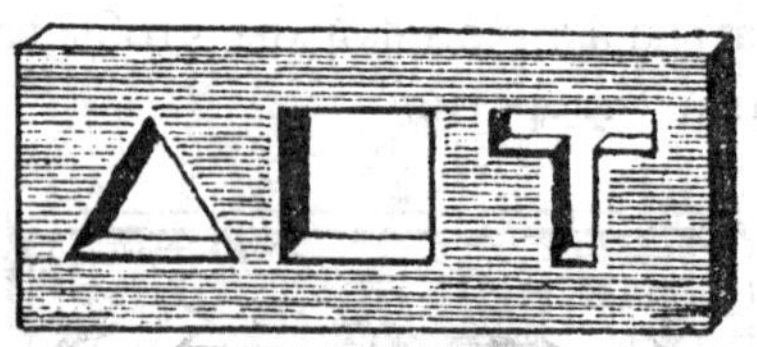

Рис. 104. Можно ли для этих трех отверстий изготовить одну затычку?

[1] Монеты достоинством в 5 и 2 коп., имевшие хождение в 1930-е годы, имели следующие размеры: пятак — 2,5 см, двухкопеечная монета — 1,8 см (монеты эти изображены на рис. 94 и 95). — *Прим. ред.*

кружок, в точности равный окружности 2-копеечной монеты, и аккуратно вырежьте его.

Как вы думаете: пролезет пятак через эту дырку? Здесь нет подвоха — задача подлинно геометрическая.

76. Высота башни

В нашем городе есть достопримечательность — высокая башня, высоты которой вы, однако, не знаете. Имеется у вас и фотографический снимок башни на почтовой карточке. Как может этот снимок помочь вам узнать высоту башни?

77. Подобные фигуры

Эта задача предназначается для тех, кто знает, в чем состоит геометрическое подобие. Требуется ответить на следующие два вопроса:

1) В фигуре чертежного треугольника (**рис. 105**) подобны ли наружный и внутренний треугольники?
2) В фигуре рамки (**рис. 106**) подобны ли наружный и внутренний четырехугольники?

Рис. 105. Подобны ли наружный и внутренний треугольники?

Рис. 106. Подобны ли наружный и внутренний четырехугольники?

78. Тень проволоки

Как далеко в солнечный день тянется в пространстве полная тень, отбрасываемая телеграфной проволокой, диаметр которой 4 мм?

79. Кирпичик

Строительный кирпич весит 4 кг. Сколько весит игрушечный кирпичик из того же материала, все размеры которого в 4 раза меньше?

80. Великан и карлик

Во сколько примерно раз великан ростом 2 м тяжелее карлика ростом 1 м?

81. Два арбуза

Продаются два арбуза неодинаковых размеров. Один на четвертую долю шире другого, а стоит он в 1 $^{1}/_{4}$ раза дороже.

Какой из них выгоднее купить (**рис. 107**)?

82. Две дыни

Продаются две дыни одного сорта. Одна окружностью 60, другая — 50 см. Первая в полтора раза дороже второй.
Какую дыню выгоднее купить?

83. Вишня

Мякоть вишни окружает косточку слоем такой же толщины, как и сама косточка. Будем считать, что и вишня, и косточка имеют форму шариков.
Можете ли вы сообразить в уме, во сколько раз объем сочной части вишни больше объема косточки?

Рис. 107

84. Модель башни Эйфеля

Башня Эйфеля в Париже, 300 м высоты, сделана целиком из железа, которого пошло на нее около 8 000 000 кг. Я желаю заказать точную железную модель знаменитой башни, весящую всего только 1 кг. Какой она будет высоты? Выше стакана или ниже?

85. Две кастрюли

Имеются две медные кастрюли одинаковой формы и со стенками одной толщины. Первая в 8 раз вместительнее второй.
Во сколько раз она тяжелее?

Рис. 108. Башня Эйфеля в Париже

86. На морозе

На морозе стоят взрослый человек и ребенок, оба одетые одинаково.
Кому из них холоднее?

87. Сахар

Что тяжелее: стакан сахарного песку или такой же стакан колотого сахара?

РЕШЕНИЯ ГОЛОВОЛОМОК 64–87

64. На первый взгляд задача эта кажется не относящейся вовсе к геометрии. Но в том-то и состоит овладение этой наукой, чтобы уметь обнаруживать геометрическую основу задачи там, где она замаскирована посторонними подробностями. Наша задача по существу, безусловно, геометрическая; без знания геометрии ее не решить.
Итак, почему же передняя ось телеги стирается больше задней? Всем известно, что передние колеса меньше задних. На одном и том же расстоянии малый круг оборачивается большее число раз, чем круг покрупнее: у меньшего круга и окружность меньше — оттого она укладывается в данной длине большее число раз. Теперь понятно, что при всех поездках телеги передние ее колеса делают больше оборотов, нежели задние; а большее число оборотов, конечно, сильнее стирает ось.

65. Если вы полагаете, что в лупу угол наш окажется величиною в $1\,^1/_4 \times 4 = 6°$, то дали промах. Величина угла

Рис. 109. Передние колеса телеги меньше задних

нисколько не увеличивается при рассматривании его в лупу. Правда, дуга, измеряющая угол, несомненно, увеличивается, но во столько же раз увеличивается и радиус этой дуги, так что величина центрального угла остается без изменения. **Рис. 109** поясняет сказанное.

Невозможность увеличения углов лупой вытекает, между прочим, и прямо из того, что фигуры при рассматривании в лупу сохраняют геометрическое подобие самим себе. Если бы каждый угол многоугольника увеличивался в 4 раза, то мы видели бы в лупу квадраты с углами в 360° или треугольники, сумма углов которых равна 8 прямым!

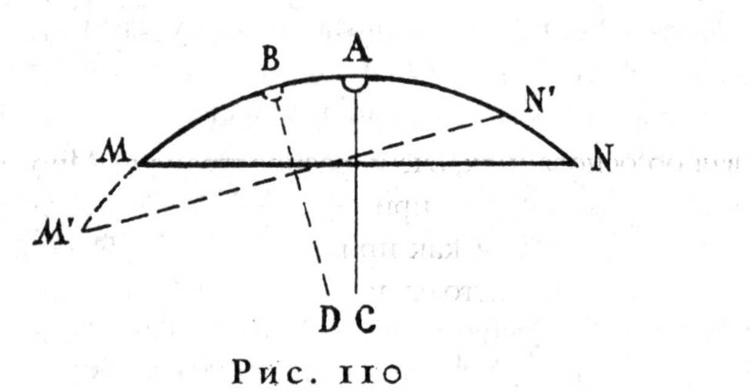

Рис. 110

66. Рассмотрите **рис. 110**, где *MAN* есть первоначальное положение дуги уровня, *M'BN'*— новое ее положение, причем хорда *M'N'* составляет с хордой *MN* угол в $^1/_2$°. Пузырек, бывший раньше в точке *A*, теперь остался в той же точке, но середина дуги *MN* переместилась в *B*. Требуется вычислить длину дуги *AB*, если радиус ее равен 1 м, а величина дуги в градусной мере $^1/_2$° (это следует из равенства острых углов с перпендикулярными сторонами). Вычисление несложно. Длина полной окружности радиусом в 1 м (1000 мм) равна 2 × 3,14 × 1000 = 6280 мм. Так как в окружности 360°, или 720 полуградусов, то длина одного полуградуса определяется делением:

$$6280 : 720 = 8{,}7 \text{ мм.}$$

Пузырек отодвинется от метки (вернее, метка отодвинется от пузырька) примерно на 9 мм — почти на целый сантиметр. Легко видеть, что чем больше радиус кривизны трубки, тем уровень чувствительнее.

67. Задача вовсе не шуточная и вскрывает ошибочность обычного словоупотребления. У «шестигранного» карандаша не 6 граней, как, вероятно, полагает большинство. Всех граней у него, если он не очинен, 8: шесть боковых и еще две маленькие «торцовые» грани. Будь у него в действительности 6 граней, он имел бы совсем иную форму — бруска с четырех-угольным сечением.
Привычка считать у призм только боковые грани, забывая об основаниях, очень распространена. Многие говорят: «трехгранная» призма, «четырехгранная» призма и т. д., между тем как призмы эти надо называть: треугольная, четырехугольная и т. д. — по форме основания. Трехгранной призмы, т. е. призмы о трех гранях, даже и не существует.

Поэтому карандаш, о котором говорится в задаче, правильно называть не шестигранным, а шестиугольным.

68. Сделать надо так, как показано на **рис. 111**. Получаются 6 частей, которые для наглядности перенумерованы.

69. Спички следует расположить, как показано слева на **рис. 112**; площадь этой фигуры равна учетверенной площади «спичечного» квадрата.
Как в этом удостовериться?
Дополним мысленно нашу фигуру до треугольника. Получится прямоугольный треугольник, основание которого равно 3, а высота 4 спичкам.[1] Площадь его равна половине произведения основания на высоту:

$$\frac{1}{2} \times 3 \times 4 = 6\,,$$

т. е. 6 квадратам со стороною в одну спичку. Но наша фигура имеет, очевидно, площадь, которая меньше пло-

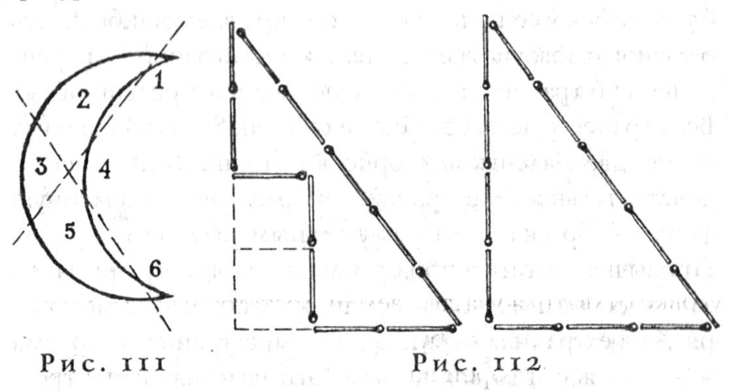

Рис. 111 Рис. 112

[1] Читатели, знакомые с так называемой «пифагоровой теоремой», поймут, почему мы с уверенностью можем утверждать, что получающийся здесь треугольник — прямоугольный: $3^2 + 4^2 = 5^2$.

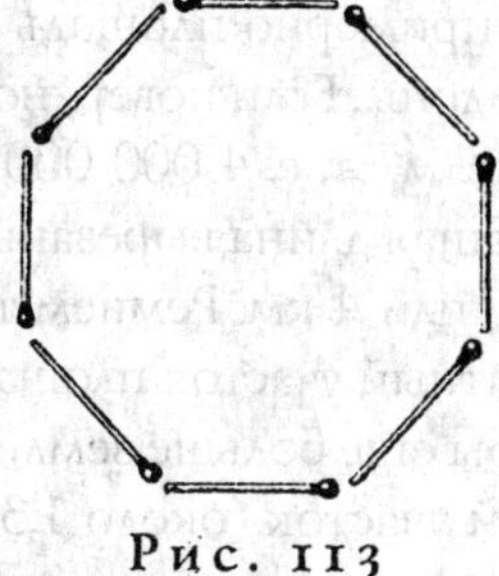

Рис. 113

щади треугольника на 2 «спичечных» квадрата и равна, следовательно, 4 таким квадратам.

70. Можно доказать[1], что среди всех фигур с одинаковым обводом наибольшую площадь имеет круг. Из спичек, конечно, не сложить круга; однако можно составить из 8 спичек фигуру (**рис. 113**), всего более приближающуюся к кругу — это правильный восьмиугольник. Правильный восьмиугольник и есть фигура, удовлетворяющая требованию нашей задачи: она имеет наибольшую площадь.
Эта задача приводит на память легендарную историю основателя Карфагена. Дидона, дочь финикийского царя, гласит предание, потеряв мужа, убитого ее братом, бежала в Африку и высадилась со многими финикийцами на северном ее берегу. Здесь Дидона купила у нумидийского царя столько земли, «сколько занимает воловья шкура». Когда сделка состоялась, Дидона разрезала воловью шкуру на тонкие ремешки и благодаря подобной уловке отхватила участок земли, достаточный для сооружения крепости. Так будто бы возникла крепость Карфаген, вокруг которой впоследствии вырос город.

[1] Доказательство приведено в «Занимательной геометрии» того же автора.

Прикинем, какая примерно площадь могла быть захвачена хитростью Дидоны. Если поверхность воловьей шкуры была равна 4 кв. м, т. е. 4 000 000 кв. мм, а ширина ремней 1 мм, то общая длина вырезанных ремней достигала 4 000 000 мм, или 4 км. Ремнем такой длины можно охватить квадратный участок площадью в 1 кв. км. Но Дидона получила бы еще больше земли, если бы окружила ремнем круглый участок (около 1,3 кв. км).

71. Для решения задачи развернем боковую поверхность цилиндрической банки в плоскую фигуру: получим прямоугольник (**рис. 114**), высота которого 20 см, а основание равно окружности банки, т. е. $10 \times 3^1/_7 = 31\ ^1/_2$ см (без малого). Наметим на этом прямоугольнике положения мухи и медовой капли. Муха — в точке *A*, на расстоянии 17 см от основания; капля — в точке *B*, на той же высоте и на расстоянии полуокружности банки от *A*, т. е. в $15\ ^3/_4$ см. Чтобы найти теперь точку, в которой муха должна переползти край банки, поступим следующим образом. Из точки *B* (**рис. 115**) проведем прямую под прямым углом к верхней стороне прямоугольника и продолжим ее на равное расстояние: получим точку *C*. Эту точку соединим прямой линией с *A*. Точка *D*, как учит геометрия, и

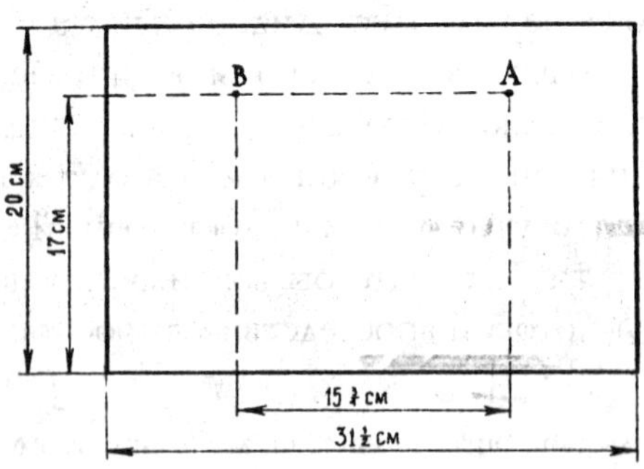

Рис. 114

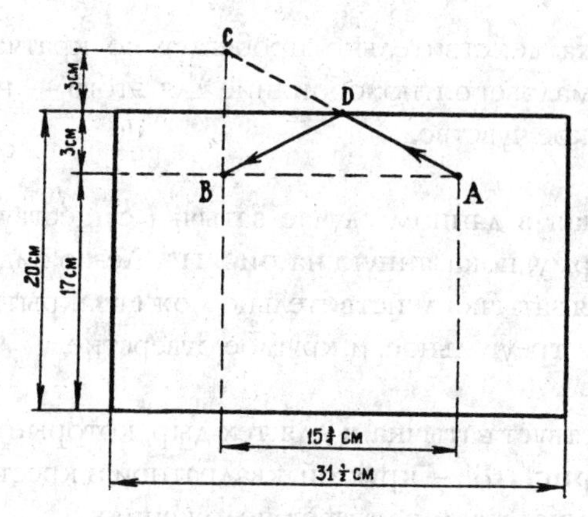

Рис. 115

будет та, где муха должна переползти на другую сторону банки, а путь *ADB* окажется самым коротким.

Найдя кратчайший путь на развернутом прямоугольнике, свернем его снова в цилиндр и узнаем, как должна бежать муха, чтобы скорее добраться до капли меда (**рис. 116**).

Избирают ли мухи в подобных случаях такой путь — мне неизвестно. Возможно, что, руководствуясь обоня-

Рис. 116. Кратчайший путь мухи

нием, муха действительно пробегает по кратчайшему пути, но маловероятно: обоняние для этого — недостаточно четкое чувство.

72. Нужная в данном случае затычка существует. Она имеет форму, показанную на **рис. 117**. Легко видеть, что одна такая затычка действительно может закрыть и квадратное, и треугольное, и круглое отверстие.

73. Существует затычка и для тех дыр, которые изображены на **рис. 118**, — круглой, квадратной и крестообразной. Она представлена в трех положениях.

74. Существует и такая затычка: вы можете видеть ее с трех сторон на **рис. 119**.

(Задачи, которыми мы сейчас занимались, приходится нередко разрешать чертежникам, когда по трем «проек-

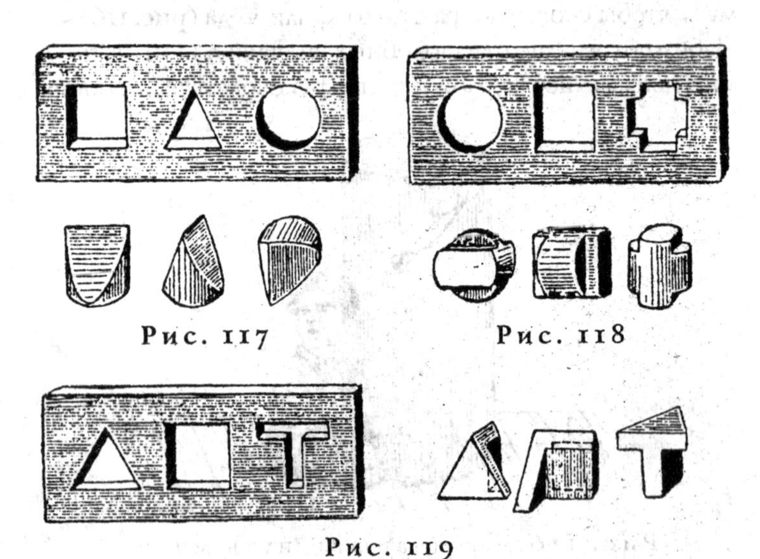

Рис. 117 Рис. 118

Рис. 119

циям» какой-нибудь машинной части они должны установить ее форму.)

75. Как ни странно, но продеть пятак через такое маленькое отверстие вполне возможно. Надо только суметь взяться за это дело. Бумажку изгибают так, что круглое отверстие вытягивается в прямую щель (**рис. 120**): через эту щель и проходит пятак.

Геометрический расчет поможет понять этот на первый взгляд замысловатый трюк. Диаметр двухкопеечной монеты 18 мм; окружность ее, как легко вычислить, равна 56 мм (с лишком). Длина прямой щели должна быть, очевидно, вдвое меньше окружности отверстия и, следовательно, равна 28 мм. Между тем поперечник пятака всего 25 мм; значит, он может как раз пролезть через 28-миллиметровую щель, даже принимая в расчет его толщину ($1^1/_2$ мм).

76. Чтобы по снимку определить высоту башни в натуре, нужно прежде всего измерить возможно точнее высоту башни и длину ее основания на фотографическом изображении. Предположим, высота на снимке 95 мм, а длина основания — 19 мм.

Тогда вы измеряете длину основания башни в натуре; допустим, она оказалась равной 14 м.

Сделав это, вы рассуждаете так: фотография башни и ее подлинные очертания геометрически подобны друг дру-

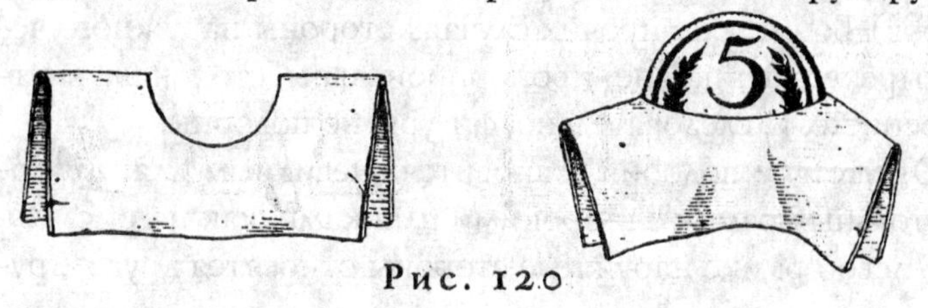

Рис. 120

гу. Следовательно, во сколько раз изображение высоты больше изображения основания, во столько же раз высота башни в натуре больше длины ее основания. Первое отношение равно

$$95 : 19, \text{ т. е. } 5;$$

отсюда заключаете, что высота башни больше длины ее основания в 5 раз и равна в натуре $14 \times 5 = 70$ м.
Итак, высота городской башни 70 м. Надо заметить, однако, что для фотографического определения высоты башни пригоден не всякий снимок, а только такой, в котором пропорции не искажены, как это бывает у неопытных фотографов.

77. Часто на оба поставленных в задаче вопроса отвечают утвердительно. В действительности же подобны только треугольники; наружный же и внутренний четырехугольники в фигуре рамки, вообще говоря, не подобны.
Для подобия треугольников достаточно равенства углов; а так как стороны внутреннего треугольника параллельны сторонам наружного, то фигуры эти подобны. Но для подобия прочих многоугольников не достаточно одного равенства углов (или, что то же самое, одной лишь параллельности сторон): необходимо еще, чтобы стороны многоугольников были пропорциональны. Для наружного и внутреннего четырехугольников в фигуре рамки это имеет место только в случае квадратов (и вообще — ромбов). Во всех же прочих случаях стороны наружного четырехугольника не пропорциональны сторонам внутреннего, и, следовательно, фигуры не подобны.
Отсутствие подобия становится очевидным для прямоугольных рамок с широкими планками, как на **рис. 121**. В левой рамке наружные стороны относятся друг к дру-

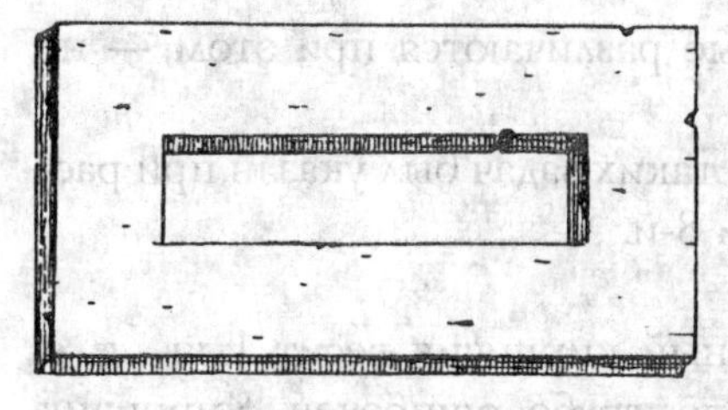

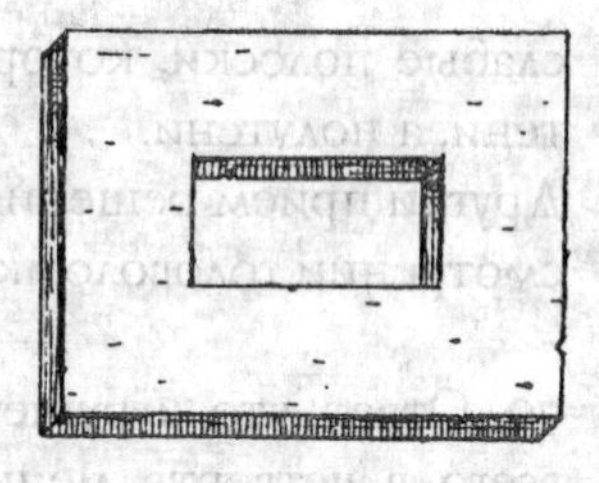

Рис. 121

гу как 2 : 1, а внутренние — как 4 : 1. В правой — наружные как 4 : 3, внутренние как 2 : 1.

78. Для многих будет неожиданностью, что при решении этой задачи понадобятся сведения из астрономии; о расстоянии от Земли до Солнца и о величине солнечного диаметра.

Длина полной тени, отбрасываемой в пространстве проволокой, определяется геометрическим построением, показанным на **рис. 122**. Легко видеть, что тень во столько раз больше поперечника проволоки, во сколько раз расстояние от Земли до Солнца (150 000 000 км) больше поперечника Солнца (1 400 000 км). Последнее отношение равно, круглым счетом, 107. Значит, длина полной тени, отбрасываемой в пространстве проволокой, равна

$$4 \times 107 = 428 \text{ мм} = 42{,}8 \text{ см}.$$

Незначительной длиной полной тени объясняется то, что она бывает не видна — на земле или на стенах домов; те

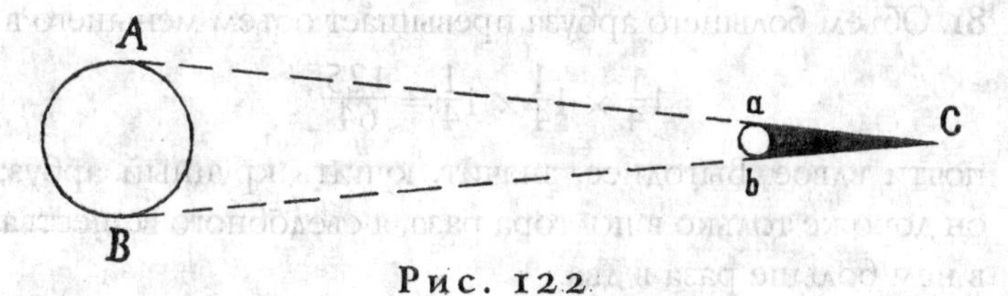

Рис. 122

слабые полоски, которые различаются при этом, — не тени, а полутени.
Другой прием решения таких задач был указан при рассмотрении головоломки 8-й.

79. Ответ, что игрушечный кирпичик весит 1 кг, т. е. всего в четверть меньше, грубо ошибочен. Кирпичик ведь не только вчетверо короче настоящего, но и вчетверо уже да еще вчетверо ниже; поэтому объем и вес его меньше в $4 \times 4 \times 4 = 64$ раза.
Правильный ответ, следовательно, таков: игрушечный кирпичик весит $4000 : 64 = 62{,}5$ г.

80. Вы теперь уже подготовлены к правильному решению этой задачи. Так как фигуры человеческого тела приблизительно подобны, то при вдвое большем росте человек имеет объем не вдвое, а в 8 раз больший. Значит, наш великан весит больше карлика раз в 8.
Один из высочайших великанов, о которых сохранились сведения, был житель Эльзаса ростом в 275 см — на целый метр выше человека среднего роста. Самый маленький карлик имел в высоту меньше 40 см, т. е. был ниже исполина-эльзасца круглым счетом в 7 раз. Поэтому если бы на одну чашу весов поставить великана-эльзасца, то на другую надо бы для равновесия поместить $7 \times 7 \times 7 =$ $= 343$ карлика, — целую толпу.

81. Объем большего арбуза превышает объем меньшего в

$$1\frac{1}{4} \times 1\frac{1}{4} \times 1\frac{1}{4} = \frac{125}{64},$$

почти вдвое. Выгоднее, значит, купить крупный арбуз; он дороже только в полтора раза, а съедобного вещества в нем больше раза в два.

Почему же, однако, продавцы просят за такие арбузы обычно не вдвое, а только в полтора раза больше? Объясняется это просто тем, что продавцы в большинстве случаев не сильны в геометрии. Впрочем, не сильны в ней и покупатели, зачастую отказывающиеся из-за этого от выгодных покупок. Можно смело утверждать, что крупные арбузы выгоднее покупать, чем мелкие, потому что они расцениваются всегда ниже их истинной стоимости; но большинство покупателей этого не подозревают. По той же причине всегда выгоднее покупать крупные яйца, нежели мелкие, если только их не расценивают по весу.

82. Окружности относятся между собой как диаметры. Если окружность одной дыни 60 см, другой 50 см, то отношение их диаметров $60 \times 50 = {}^{6}/_{5}$, а отношение их объемов

$$\left(\frac{6}{5}\right)^3 = \frac{216}{125} = 1{,}73\ .$$

Большая дыня должна быть, если оценивать ее сообразно объему (или весу), в 1,73 раза дороже меньшей; другими словами, дороже на 73 %. Просят же за нее всего на 50 % больше. Ясно, что есть прямой расчет ее купить.

83. Из условия задачи следует, что диаметр вишни в 3 раза больше диаметра косточки. Значит, объем вишни больше объема косточки в $3 \times 3 \times 3$, т. е. в 27 раз; на долю косточки приходится ${}^{1}/_{27}$ часть объема вишни, а на долю сочной части — остальные ${}^{26}/_{27}$. И, следовательно, сочная часть вишни больше косточки по объему в 26 раз.

84. Если модель легче натуры в 8 000 000 раз и обе сделаны из одного металла, то объем модели должен быть в 8 000 000 раз меньше объема натуры. Мы уже знаем, что объемы подобных тел относятся как кубы их высот. Следовательно, модель должна быть ниже натуры в 200 раз, потому что

$$200 \times 200 \times 200 = 8\ 000\ 000.$$

Высота подлинной башни 300 м. Отсюда высота модели должна быть равна

$$300 : 200 = 1\frac{1}{2} \text{ м.}$$

Модель будет почти в рост человека.

85. Обе кастрюли — тела геометрически подобные. Если большая кастрюля в 8 раз вместительнее, то все ее линейные размеры в два раза больше: она вдвое выше и вдвое шире по обоим направлениям.
Но раз она вдвое выше и шире, то поверхность ее больше в 2×2, т. е. в 4 раза, потому что поверхности подобных тел относятся как квадраты линейных размеров. При одинаковой толщине стенок вес кастрюли зависит от величины ее поверхности. Отсюда имеем ответ на вопрос задачи: большая кастрюля вчетверо тяжелее меньшей.

86. Эта задача, на первый взгляд вовсе не математическая, решается, в сущности, тем же геометрическим рассуждением, какое применено было в предыдущей задаче.
Прежде чем приступить к ее решению, рассмотрим сходную с ней, но несколько более простую задачу.

I

Два котла (или два самовара), большой и малый, одинакового материала и формы, наполнены кипятком. Какой остынет скорее?

Вещи остывают главным образом с поверхности: следовательно, остынет скорее тот котел, в котором на каждую единицу объема приходится большая поверхность. Если один котел в n раз выше и шире другого, то поверхность его больше в n^2 раз, а объем — в n^3; на единицу поверхности в большем котле приходится в п раз больший объем. Следовательно, меньший котел должен остыть раньше.
По той же причине и ребенок, стоящий на морозе, должен зябнуть больше, чем одинаково одетый взрослый: количество тепла, возникающего в каждом кубическом сантиметре тела, у обоих приблизительно одинаково, но остывающая поверхность тела, приходящаяся на каждый кубический сантиметр, у ребенка больше, чем у взрослого.
Также и пальцы рук или нос зябнут сильнее и отмораживаются чаще, чем другие части тела, поверхность которых не столь велика по сравнению с их объемом.

II

Сюда же, наконец, относится и следующая задача: почему лучина загорается скорее, чем толстое полено, от которого она отколота? Так как нагревание происходит с поверхности и распространяется на весь объем тела, то следует сравнить поверхность и объем лучины (например, квадратного сечения) с поверхностью и объемом полена той же длины и того же квадратного сечения, чтобы определить, какой величины поверхность приходится на 1 куб. см древесины в обоих случаях.
Если толщина полена в 10 раз больше толщины лучины, то боковая поверхность полена больше поверхности лучины тоже в 10 раз, объем же его больше объема лучины в 100 раз. Следовательно, на каждую единицу поверхности в лучине приходится вдесятеро меньший объем, чем в полене:

одинаковое количество тепла нагревает в лучине вдесятеро меньше вещества, отсюда и более раннее воспламенение лучины, чем полена, от одного и того же источника тепла. (Ввиду дурной теплопроводности дерева, указанные соотношения следует рассматривать лишь как грубо приблизительные; они характеризуют лишь общий ход процесса, а не количественную сторону.)

87. При некотором усилии воображения задача эта, кажущаяся очень замысловатой, решается довольно просто.
Предположим для простоты, что куски колотого сахара в поперечнике больше частичек песка в 100 раз. Представим себе теперь, что все частицы песка увеличились в поперечнике в 100 раз вместе со стаканом, в который песок насыпан. Вместимость стакана увеличится в 100 × 100 × 100, т. е. в миллион раз; во столько же раз увеличится и вес содержащегося в нем сахара.
Отсыплем мысленно один нормальный стакан этого укрупненного песка, т. е. миллионную часть содержимого стакана-гиганта. Отсыпанное количество будет, конечно, весить столько, сколько весит обыкновенный стакан обыкновенного песка. Что же, однако, представляет собой отсыпанный нами укрупненный песок? Не что иное, как колотый сахар. Значит, колотого сахара в стакане заключается по весу столько же, сколько и песка.
Если бы вместо стократного увеличения мы взяли шестидесятикратное или какое-нибудь другое — дело нисколько не изменилось бы. Суть рассуждения лишь в том, что куски колотого сахара рассматриваются как тела, геометрически подобные частицам сахарного песка и притом расположенные подобным же образом. Допущение этого, конечно, не строго верно, но оно достаточно близко к действительности.

Глава десятая

ГЕОМЕТРИЯ ДОЖДЯ И СНЕГА

Принято считать Ленинград (ныне Санкт-Петербург. — *Прим. ред.*) очень дождливым городом — городом, гораздо более дождливым, чем, например, Москва. Однако ученые говорят другое; они утверждают, что в Москве дожди приносят за год больше воды, чем в Ленинграде. Откуда они это знают? Можно разве измерить, сколько воды приносит дождь?

I

Это кажется трудной задачей, а между тем вы можете и сами научиться производить такой учет дождя. Не думайте, что для этого понадобится собрать всю воду, которая излилась на землю дождем. Достаточно измерить только толщину того слоя воды, который образовался бы на земле, если бы выпавшая вода не растекалась и не впитывалась в почву. А это совсем не так трудно сделать. Ведь когда идет дождь, то падает он на всю местность равномерно: не бывает, чтобы на одну грядку он принес больше воды, чем на соседнюю. Стоит поэтому измерить лишь толщину слоя дождевой воды на одной какой-нибудь площадке, и мы будем знать его толщину на всей площади, политой дождем.

Теперь вы, вероятно, догадались, как надо поступить, чтобы измерить толщину слоя воды, выпавшей с дождем. Нужно устроить хотя бы один небольшой участок, где бы дождевая вода не впитывалась в землю и не растекалась. Для этого годится любой открытый сосуд, например ведро. Если у вас имеется ведро с отвесными стенками (чтобы просвет его вверху и внизу был одинаков), то выставьте его в дождь на открытое место[1]. Когда дождь

[1] Ставить надо повыше, чтобы в ведро не попали брызги воды, разбрасываемые дождем при ударе о землю.

кончится, измерьте высоту воды, накопившейся в ведре, и вы будете иметь все, что вам требуется для подсчетов. Займемся подробнее нашим самодельным «дождемером».

Как измерить высоту уровня воды в ведре? Вставить в него измерительную линейку? Но это удобно только в том случае, когда в ведре много воды. Если же слой ее, как обычно и бывает, не толще 2–3 см или даже миллиметров, то измерить толщину водяного слоя таким способом сколько-нибудь точно, конечно, не удастся. А здесь важен каждый миллиметр, даже каждая десятая его доля.

Как же быть?

Лучше всего перелить воду в более узкий стеклянный сосуд. В таком сосуде вода будет стоять выше, а сквозь прозрачные стенки легко видеть высоту уровня. Вы понимаете, что измеренная в узком сосуде высота воды не есть толщина того водяного слоя, который нам нужно измерить. Но легко перевести одно измерение в другое. Пусть диаметр донышка узкого сосуда ровно в десять раз меньше диаметра дна нашего ведра-дождемера. Площадь донышка будет тогда меньше, чем площадь дна ведра, в 10×10, т. е. в 100 раз. Понятно, что вода, перелитая из ведра, должна в стеклянном сосуде стоять в 100 раз выше. Значит, если в ведре толщина слоя дождевой воды была 2 мм, то в узком сосуде та же вода установится на уровне 200 мм, т. е. 20 см.

Вы видите из этого расчета, что стеклянный сосуд по сравнению с ведром-дождемером не должен быть очень узок — иначе его пришлось бы брать чересчур высоким. Вполне достаточно, если стеклянный сосуд уже ведра раз в 5; тогда площадь его дна в 25 раз меньше площади дна ведра и уровень перелитой воды поднимется во столько же раз. Каждому миллиметру толщины водяного слоя в ведре будут отвечать 25 мм высоты воды в узком сосуде. Хорошо поэтому наклеить на наружную стенку стеклянного сосуда бумажную полоску и на ней нанести через каждые 25 мм деления, обозначив их цифрами 1, 2, 3 и т. д. Тогда, глядя на высоту воды в узком сосуде, вы без всяких пересчетов будете прямо знать толщину водяного слоя в ведре-дождемере. Если поперечник узкого сосуда меньше поперечника ведра не в 5, а, скажем, в 4 раза, то деления надо наносить на стеклянной стенке через каждые 16 мм, и т. п.

Переливать воду в узкий измерительный сосуд из ведра через край очень неудобно. Лучше пробить в стенке ведра маленькое круглое отверстие и вставить в него стеклянную трубочку с пробочкой: через нее переливать воду гораздо удобнее.

Итак, у вас имеется уже снаряжение для измерения толщины слоя дождевой воды. Конечно, ведро и самодельный измерительный сосуд не так аккуратно учитывают дождевую воду, как настоящий дождемер и настоящий измерительный стаканчик, которыми пользуются на метеорологических станциях. Все же ваши простейшие дешевые приборы помогут вам сделать много поучительных расчетов.

К этим расчетам мы сейчас и приступим.

II

Пусть имеется огород в 40 м длины и 24 м ширины. Шел дождь, и вы хотите узнать, сколько всего воды вылилось на огород. Как это рассчитать?

Начать надо, конечно, с определения толщины слоя дождевой воды: без этой цифры никаких расчетов сделать нельзя. Пусть самодельный ваш дождемер показал, что дождь налил водяной слой в 4 мм высоты. Сосчитаем, сколько куб. см воды стояло бы на каждом кв. м огорода, если бы вода не впиталась в землю. Один кв. м имеет 100 см в ширину и 100 см в длину; на нем стоит слой воды высотою в 4 мм, т. е. в 0,4 см. Значит, объем такого слоя воды равен

$$100 \times 100 \times 0{,}4 = 4000 \text{ куб. см.}$$

Вы знаете, что 1 куб. см воды весит 1 г. Следовательно, на каждый кв. м огорода выпало дождевой воды 4000 г, т. е. 4 кг. Всего же в огороде кв. м:

$$40 \times 24 = 960.$$

Значит, с дождем вылилось на него воды

$$4 \times 960 = 3840 \text{ кг,}$$

без малого 4 тонны.

Для наглядности сосчитайте еще, много ли ведер воды пришлось бы вам принести на огород, чтобы дать ему поливкой столько же воды, сколько принес дождь. В обычном ведре около 12 кг воды. Следовательно, дождь пролил ведер воды

$$3840 : 12 = 320.$$

Итак, вам пришлось бы вылить на огород более 300 ведер, чтобы заменить то орошение, которое принес дождик, длившийся, быть может, каких-нибудь четверть часа.

Как выражается в числах сильный и слабый дождь? Для этого нужно определить, сколько миллиметров воды (т. е. водяного слоя) выпадает за одну минуту дождя — то, что называется «силою осадков». Если дождь был таков, что ежеминутно выпадало в среднем 2 мм, то это ливень чрезвычайной силы. Когда же моросит осенний мелкий дождичек, то 1 м воды накапливается за целый час или даже за еще больший срок.

Как видите, измерить, сколько воды выпадает с дождем, не только возможно, но даже и не очень сложно. Более того, вы могли бы, если бы захотели, определить даже, сколько приблизительно отдельных капель выпадает при дожде.[1] В самом деле, при обыкновенном дожде отдельные капли весят в среднем столько, что их идет 12 штук на грамм. Значит, на каждый кв. м. огорода выпало при том дожде, о котором раньше говорилось,

$$4000 \times 12 = 48\,000 \text{ капель.}$$

Нетрудно далее вычислить, сколько капель дождя выпало и на весь огород. Но расчет числа капель только любопытен: пользы из него извлечь нельзя. Упомянули мы о нем для того лишь, чтобы показать, какие невероятные на первый взгляд расчеты можно выполнять, если уметь за них приняться.

III

Мы сейчас научились измерять количество воды, приносимое дождем. Как измерить воду, приносимую градом? Совершенно таким же способом. Градины попадают в ваш дождемер и там тают; образовавшуюся от града воду вы измеряете и получаете то, что вам нужно.

Иначе измеряют воду, приносимую снегом. Здесь дождемер дал бы очень неточные показания, потому что снег, попадающий в ведро, частью выдувается оттуда ве-

---

[1] Дождь всегда выпадает каплями, даже тогда, когда нам кажется, что он идет сплошными струями.

тром. Но при учете снеговой воды можно обойтись и без всякого дождемера: измеряют непосредственно толщину слоя снега, покрывающего двор, огород, поле, при помощи деревянной планки (рейки). А чтобы узнать, какой толщины водяной слой получится от таяния этого снега, надо проделать опыт: наполнить ведро снегом той же рыхлости и, дав ему растаять, заметить, какой высоты получился слой воды. Таким образом вы определите, сколько миллиметров высоты водяного слоя получается из каждого сантиметра слоя снега. Зная это, вам нетрудно уже будет переводить толщину снежного слоя в толщину водяного.

Если будете ежедневно без пропусков измерять количество дождевой воды в течение теплого времени года и прибавите к этому еще воду, запасенную за зиму в виде снега, то узнаете, сколько всего воды выпадает за год в вашей местности. Это очень важный итог, измеряющий количество осадков в данном пункте. (Осадками называется вся вообще выпадающая вода, падает ли она в виде дождя, града, снега и т. п.)

Вот сколько осадков выпадает в среднем ежегодно в разных городах[1] нашего Союза:

Алма-Ата.........51 см
Архангельск......41 см
Астрахань........14 см
Баку ....24 см
Вологда..........45 см
Енисейск.........39 см
Иркутск..........44 см
Кутаиси ....179 см
Казань............ 44 см
Кострома .... 49 см
Куйбышев......... 39 см
Ленинград .... 47 см
Москва .... 55 см
Одесса............ 40 см

[1] Некоторым городам теперь вернули их прежние имена: Ленинград стал снова Санкт-Петербургом, Куйбышев — Самарой, Свердловск — Екатеринбургом. — *Прим. ред.*

Оренбург.........43 см
Свердловск.......36 см
Семипалатинск...21 см
Ташкент .... 31 см
Тобольск .... 33 см

Из перечисленных мест больше всех получает с неба воды Кутаиси (179 см), а меньше всех — Астрахань (14 см), в 13 раз меньше, чем Кутаиси.
Но на земном шаре есть места, где выпадает воды гораздо больше, чем в Кутаиси. Например, одно место в Индии буквально затопляется дождевой водой: ее выпадает там в год 1260 см, т. е. 12,5 м! Случилось раз, что здесь за одни сутки выпало больше 100 см воды.
Существуют, наоборот, и такие местности, где выпадает осадков еще гораздо меньше, чем в Астрахани: так, в одной области Южной Америки, в Чили, не набирается за целый год и 1 см осадков.
Район, где выпадает 25 см осадков в год, является засушливым. Здесь нельзя вести зернового хозяйства без искусственного орошения.
Если вы не живете ни в одном из тех городов, которые перечислены в нашей табличке, то вам придется самим взяться за измерение количества осадков в вашей местности. Терпеливо измеряя круглый год, сколько воды приносит каждый дождь или град и сколько воды запасено в снеге, вы получите представление о том, какое место по влажности занимает ваш город среди других городов Союза.

IV

Нетрудно понять, что, измерив, сколько воды выпадает ежегодно в разных местах земного шара, можно из этих цифр узнать, какой слой воды в среднем выпадает за год на всю Землю вообще.

Оказывается, что на суше (на океанах наблюдения не ведутся) среднее количество осадков за год равно 78 см. Считают, что над океаном проливается примерно столько же воды, сколько и на равный участок суши. Нетрудно вычислить, сколько воды приносится на всю нашу планету ежегодно дождем, градом, снегом и т. п. Но для этого нужно знать величину поверхности земного шара.

Если вам неоткуда получить эту величину, вы можете вычислить ее сами следующим образом.

Вам известно, что метр составляет почти в точности 40-миллионную долю окружности земного шара. Другими словами, окружность Земли равна 40 000 000 м, т. е. 40 000 км. Поперечник всякого круга примерно в $3^1/_7$ раза меньше его окружности. Зная это, найдем поперечник нашей планеты:

$$40\,000 : 3\frac{1}{7} = 12\,700 \text{ км.}$$

Правило же вычисления поверхности всякого шара таково: надо умножить поперечник на самого себя и на $3^1/_7$:

$$12\,700 \times 12\,700 \times 3\frac{1}{7} = 509\,000\,000 \text{ кв. км.}$$

(Начиная с четвертой цифры результата мы пишем нули, потому что надежны только первые его три цифры.)

Итак, вся поверхность земного шара равна 509 миллионам кв. км.

Возвратимся теперь к нашей задаче. Вычислим, сколько воды выпадает на каждый кв. км земной поверхности. На 1 кв. м или на 10 000 кв. см выпадает

$$78 \times 10\,000 = 780\,000 \text{ куб. см.}$$

В квадратном километре 1000 × 1000 = 1 000 000 кв. м. Следовательно, на него выпадает воды:

780 000 000 000 куб. см, или 780 000 куб. м.

На всю же земную поверхность выпадает

780 000 × 509 000 000 = 397 000 000 000 000 куб. м.

Чтобы превратить это число куб. м в куб. км, нужно его разделить на 1000 × 1000 × 1000, т. е. на миллиард. Получим 397 000 куб. км.

Итак, ежегодно из атмосферы изливается на поверхность нашей планеты 400 000 куб. км воды.

Более подробно обо всем здесь рассказанном можно прочитать в книгах по метеорологии.

Глава одиннадцатая

МАТЕМАТИКА И СКАЗАНИЕ О ПОТОПЕ

Среди преданий, собранных в Библии, имеется сказание о том, как некогда весь мир был затоплен дождем выше самых высоких гор. По словам Библии, Бог однажды «раскаялся, что создал человека на Земле», и сказал:

— Истреблю с лица Земли (т. е. с поверхности земного шара) человеков[1], которых я сотворил: от человеков до скотов, гадов и птиц небесных истреблю (всех).

Единственный человек, которого Бог хотел при этом пощадить, был праведник Ной. Поэтому Бог предупредил его о готовящейся гибели мира и велел построить просторный корабль (по библейскому выражению, «ковчег») следующих размеров: «длина ковчега — 300 локтей, широта[2] его 50 локтей, а высота его 30 локтей». В ковчеге было три этажа. На этом корабле должны были спастись не один Ной со своим семейством и семьями своих взрослых детей, но и все породы наземных животных. Бог велел Ною взять в ковчег по одной паре всех видов таких животных вместе с запасом пищи для них на долгий срок.

Средством для истребления всего живого на суше Бог избрал наводнение от дождя. Вода должна уничтожить всех людей и все виды наземных животных. После этого от Ноя и от спасенных им животных должны появиться новый человеческий род и новый мир животных.

«Через семь дней, — говорится дальше в Библии, — воды потопа пришли на землю... И лился на землю дождь 40 дней и 40 ночей... И умножилась вода и подняла ковчег, и он взвился над водою... И усилилась вода на зем-

---

[1] Такие выражения, как «человеков» вместо «людей» и др., теперь уже не употребляются; это — старинные обороты речи, встречающиеся в русском переводе Библии.

[2] Опять старинный оборот речи: широта вместо ширина.

лю чрезвычайно, так что покрылись все высокие горы, какие есть под всем небом; на 15 локтей поднялась над ними вода... Истребилось всякое существо, которое было на поверхности всей Земли. Остался только Ной и что было с ним в ковчеге». Вода стояла на земле, повествует библейское сказание, еще 110 суток; после этого она исчезла, и Ной со всеми спасенными животными покинул ковчег, чтобы вновь населить опустошенную Землю.

По поводу этого сказания поставим два вопроса:

1) Возможен ли был такой ливень, который покрыл весь земной шар выше самых высоких гор?

2) Мог ли Ноев ковчег вместить все виды наземных животных?

Тот и другой вопросы разрешаются при участии математики.

I

Откуда могла взяться вода, выпавшая с дождем потопа? Конечно, только из атмосферы. Куда же девалась она потом? Целый мировой океан воды не мог ведь всосаться в почву; покинуть нашу планету он, разумеется, тоже не мог. Единственное место, куда вся эта вода могла деться, — земная атмосфера: воды потопа могли только испариться и перейти в воздушную оболочку Земли. Там вода эта должна находиться еще и сейчас.

Выходит, что если бы весь водяной пар, содержащийся теперь в атмосфере, сгустился в воду, которая излилась бы на Землю, то был бы снова всемирный потоп; вода покрыла бы самые высокие горы.

Проверим, так ли это.

Справимся в книге по метеорологии, сколько влаги содержится в земной атмосфере. Мы узнаем, что столб воздуха, опирающийся на один квадратный метр, содержит водяного пара в среднем около 16 кг и никогда не может содержать больше 25 кг.

Рассчитаем же, какой толщины получился бы водяной слой, если бы весь этот пар осел на землю дождем. 25 кг, т. е. 25 000 г воды занимают объем в 25 000 куб. см. Таков был бы объем слоя, площадь которого 1 кв. м, т. е. 100 × 100, или 10 000 кв. см. Разделив объем на площадь основания, получим толщину слоя

$$25\,000 : 10\,000 = 2{,}5 \text{ см.}$$

Выше 2,5 см потоп подняться не мог, потому что больше в атмосфере нет воды.[1] Да и такая высота воды была бы лишь в том случае, если бы выпадающий дождь совсем не всасывался в землю.

Сделанный нами расчет показывает, какова могла бы быть высота воды при потопе, если бы такое бедствие действительно произошло: 2,5 см. Отсюда до вершины величайшей горы Эверест, возвышающейся на 9 км, еще очень далеко. Высота потопа преувеличена библейским сказанием ни мало ни много — в 360 000 раз!

Итак, если бы всемирный дождевой «потоп» даже состоялся, то это был бы вовсе не потоп, а самый слабый дождик, потому что за 40 суток непрерывного падения он дал бы осадков всего 25 мм — меньше полумиллиметра в сутки. Мелкий осенний дождь, идущий сутки, дает воды в 20 раз больше.

---

[1] Во многих местностях на земном шаре выпадает за один раз больше 2,5 см осадков; они получаются не только от того воздуха, который стоит над этой местностью, но и от воздуха соседних местностей, приносимого ветром. «Всемирный» же потоп, по Библии, происходил одновременно на всей земной поверхности, и одна местность не могла заимствовать влагу от другой.

II

Теперь рассмотрим второй вопрос: могли ли в Ноевом ковчеге разместиться все виды наземных животных? Вычислим «жилую площадь» ковчега. В нем, по библейскому сказанию, было три этажа. Размер каждого — 300 локтей в длину и 50 локтей в ширину. «Локоть» у древних народов Западной Азии был единицей меры, равнявшейся примерно 45 см или 0,45 м. Значит, в наших мерах величина каждого этажа в ковчеге была такова:

длина: $300 \times 0{,}45 = 135$ м,
ширина: $50 \times 0{,}45 = 22{,}5$ м,
площадь пола: $135 \times 22{,}5 = 3040$ кв. м

(последнее число округлено).

Общая «жилплощадь» всех трех этажей Ноева ковчега, следовательно, равнялась:

$$3040 \times 3 = 9120 \text{ кв. м.}$$

Достаточно ли такой площади для размещения хотя бы только всех видов млекопитающих животных земного шара?

Число различных видов наземных млекопитающих равно около 3500. Ною приходилось отводить место не только для самого животного, но и для запаса корма для него на 150 суток, пока длился потоп. А хищное животное требовало места и для себя, и для тех животных, которыми оно питалось, и еще для корма этих животных. В ковчеге же приходилось в среднем на каждую пару спасаемых животных всего лишь

$$9120 : 3500 = 2{,}6 \text{ кв. м.}$$

Такая «жилая норма» явно недостаточна, особенно если принять в расчет, что некоторую площадь занимала также многочисленная семья Ноя и что, кроме того, необходимо было оставить проход между клетками.

Но ведь помимо млекопитающих Ноев ковчег должен был дать приют еще многим другим видам наземных животных, не столь крупным, зато гораздо более разнообразным. Число их примерно таково:

Птиц....................13 000
Пресмыкающихся.........3 500
Земноводных..............1 400
Паукообразных...........16 000
Насекомых..............360 000

Если одним только млекопитающим было бы тесно в ковчеге, то для этих животных и вовсе не хватило бы места. Чтобы вместить все виды наземных животных, Ноев ковчег должен был быть во много раз больше. А между тем при тех размерах, которые указаны в Библии, ковчег являлся уже очень крупным судном: его «водоизмещение», как говорят моряки, было 20 000 тонн. Совершенно неправдоподобно, чтобы в те отдаленные времена, когда техника судостроения была еще в младенческом состоянии, люди могли соорудить корабль подобных размеров. И все же он был недостаточно велик для того, чтобы исполнить назначение, приписываемое ему библейским сказанием. Ведь это должен был быть целый зоологический сад с запасом корма на 5 месяцев!

Словом, библейское сказание о всемирном потопе настолько не вяжется с простыми математическими расчетами, что трудно найти в нем даже частицу чего-либо правдоподобного.

Повод к нему подало, вероятно, какое-нибудь местное наводнение; все же остальное — вымысел богатого восточного воображения.

Глава двенадцатая

ТРИДЦАТЬ РАЗНЫХ ЗАДАЧ

Я надеюсь, что знакомство с этой книжкой не прошло для читателя бесследно, что оно не только развлекло его, но и принесло известную пользу, развив его сметливость, находчивость, научив более умело распоряжаться своими знаниями. Читатель, вероятно, и сам желал бы теперь испытать на чем-нибудь свою сообразительность. Для этой цели и предназначаются те три десятка разнородных задач, которые собраны здесь в последней главе нашей книжки.

88. Цепь

Кузнецу принесли 5 обрывков цепи (по 3 звена в каждом обрывке) и заказали соединить их в одну цепь.
Прежде чем приняться за дело, кузнец стал думать, сколько колец понадобится для этого раскрыть и вновь заковать. Он решил, что придется раскрыть и снова заковать четыре кольца.
Нельзя ли, однако, выполнить работу, раскрыв и заковав меньше колец?

89. Пауки и жуки

Пионер собрал в коробку пауков и жуков — всего 8 штук. Если пересчитать, сколько всех ног в коробке, то окажется 54 ноги.
Сколько же в коробке пауков и сколько жуков?

90. Плащ, шляпа и галоши

Некто купил плащ, шляпу и галоши и заплатил за все 140 руб. Плащ стоит на 90 руб. больше, чем шляпа, а шляпа и плащ вместе на 120 руб. больше, чем галоши.

Рис. 123

Сколько стоит каждая вещь в отдельности? Задачу требуется решить устным счетом, без уравнений.

91. Куриные и утиные яйца

Корзины на **рис. 124** содержат яйца; в одних корзинах куриные яйца, в других — утиные. Число их обозначено на каждой корзине. «Если я продам вот эту корзину, — размышляет продавец, — то у меня останется куриных яиц ровно вдвое больше, чем утиных».
Какую корзину имел в виду продавец?

Рис. 124

92. Перелет

Самолет покрывает расстояние от города *A* до города *B* за 1 ч. 20 мин. Однако обратный перелет он совершает за 80 мин.
Как вы это объясните?

93. Денежные подарки

Двое отцов подарили сыновьям деньги. Один дал своему сыну 150 руб., другой своему — 100 руб. Оказалось, однако, что оба сына вместе увеличили свои капиталы только на 150 рублей. Чем это объяснить?

94. Две шашки

На пустую шашечную доску надо поместить две шашки — белую и черную.
Сколько различных положений могут они занимать на доске?

Рис. 125

95. Двумя цифрами

Какое наименьшее целое число можете вы написать двумя цифрами?

96. Единица

Выразите число 1, употребив все десять цифр.

97. Пятью девятками

Выразите число 10 пятью девятками. Укажите по крайней мере два способа.

Рис. 126

98. Десятью цифрами

Выразите 100, употребив все десять цифр. Сколькими способами можете вы это сделать? Существует не меньше четырех способов.

99. Четырьмя способами

Четырьмя различными способами выразите 100 пятью одинаковыми цифрами.

100. Четырьмя единицами

Какое самое большое число можете вы написать четырьмя единицами?

101. Загадочное деление

В следующем примере деления все цифры заменены звездочками, кроме четырех четверок. Поставьте вместо звездочек те цифры, которые были заменены.

```
 _******4 | ***
   ***    |------
  ------- | *4**
  _**4*
   ****
   -----
   _****
     **4*
     -----
    _****
     ****
     ----
```

Задача эта имеет несколько различных решений.

102. Еще случай деления

Сделайте то же с другим примером, в котором уцелело только семь семерок:

```
 _**7*******|****7*
  ******    |**7**
 _*****7*
  *******
   _*7****
    *7****
   _*******
    ****7**
    _******
     ******
```

103. Что получится?

Сообразите в уме, на какую длину вытянется полоска, составленная из всех миллиметровых квадратиков одного квадратного метра, приложенных друг к другу вплотную.

104. В том же роде

Сообразите в уме, на сколько километров возвышался столб, составленный из всех миллиметровых кубиков одного кубометра, положенных один на другой.

105. Аэроплан

Аэроплан шириною 12 м был сфотографирован во время полета снизу, когда он пролетал отвесно над аппаратом. Глубина камеры 12 см.

На снимке ширина аэроплана равна 8 мм. На какой высоте летел аэроплан в момент фотографирования?

106. Миллион изделий

Изделие весит 89,4 г.
Сообразите в уме, сколько тонн весит миллион таких изделий.

107. Число путей

На **рис. 127** вы видите лесную дачу, разделенную просеками на квадратные кварталы. Штриховой линией обозначен путь по просекам от точки А до точки В. Это, конечно, не единственный путь между указанными точками по просекам.
Сколько можете вы насчитать различных путей одинаковой длины?

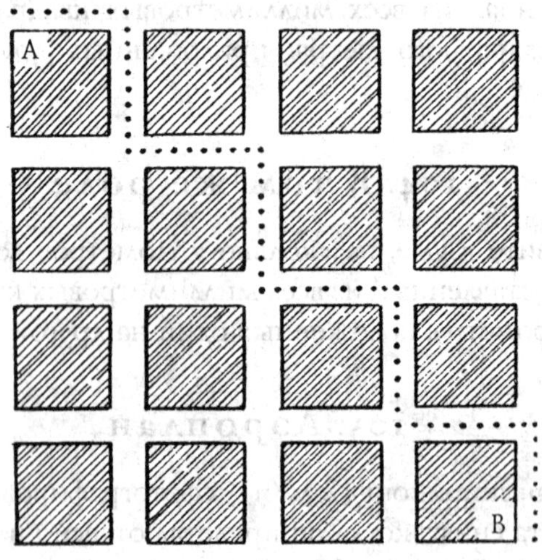

Рис. 127

108. Циферблат

Этот циферблат (**рис. 128**) надо разрезать на 6 частей любой формы, так, однако, чтобы сумма чисел, имеющихся на каждом участке, была одна и та же.
Задача имеет целью испытать не столько вашу находчивость, сколько быстроту соображения.

109. Восьмиконечная звезда

Числа от 1 до 16 надо расставить в точках пересечения линий фигуры, изображенной на **рис. 129**, так, чтобы сумма чисел на стороне каждого квадрата была 34 и сумма их на вершинах каждого квадрата также составляла 34.

110. Числовое колесо

Цифры от 1 до 9 надо разместить в фигуре на **рис. 130** так, чтобы одна цифра была в центре круга, прочие —

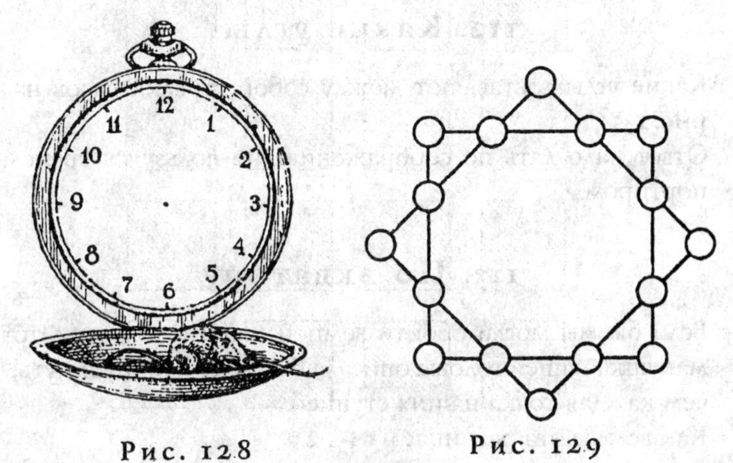

Рис. 128 Рис. 129

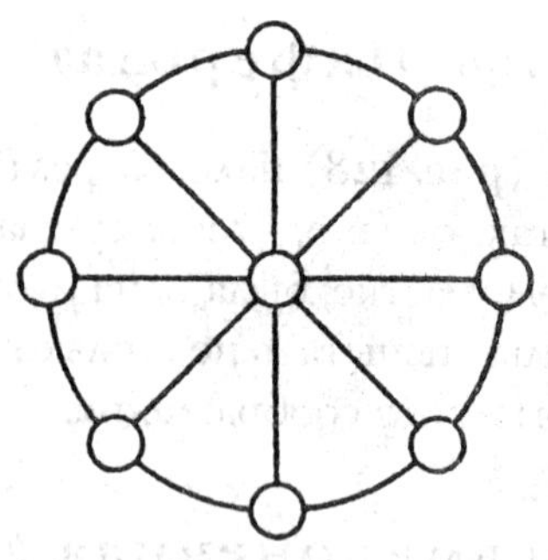

Рис. 130

у концов каждого диаметра и чтобы сумма трех цифр каждого ряда составляла 15.

111. Трехногий стол

Существует мнение, что стол о трех ногах никогда не качается, даже если ножки его и неравной длины. Верно ли это?

112. Какие углы?

Какие углы составляют между собой стрелки часов на **рис. 131**?
Ответ надо дать по соображению, не пользуясь транспортиром.

113. По экватору

Если бы мы могли обойти земной шар по экватору, то макушка нашей головы описала бы более длинный путь, чем каждая точка наших ступней.
Как велика эта разница?

Рис. 131. Какой величины углы между стрелками?

114. В шесть рядов

Вам известен, вероятно, шуточный рассказ о том, как девять лошадей расставлены были по десяти стойлам и в каждом стойле оказалась одна лошадь.

Задача, которая сейчас будет предложена, по внешности сходна с этой знаменитой шуткой, но имеет не во-

Рис. 132. Если бы мы могли обойти Землю по экватору...

Рис. 133. Превратить эту фигуру в квадрат

ображаемое, а вполне реальное решение. Она состоит в следующем: расставить 24 человека в 6 рядов так, чтобы каждый ряд состоял из 5 человек.

115. Превращение фашистского знака

На **рис. 133** вы видите подобие фашистского знака.[1] Покажите, как двумя сабельными ударами разрубить его на такие 4 части, из которых составляется квадрат концентрационного лагеря — истинный символ фашизма.

116. Крест и полумесяц

На **рис. 134** изображена фигура полумесяца[2], составленная двумя дугами окружностей. Требуется начертить

[1] В древности этот знак (свастика) был символом плодородия, солнца, скрещенных молний и т. п. — *Прим. ред.*

[2] Строго говоря, это не полумесяц (полумесяц имеет форму полукруга), а лунный серп.

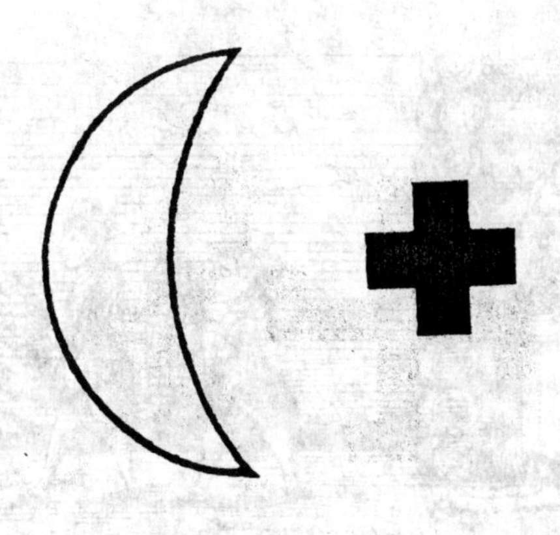

Рис. 134

знак Красного Креста, площадь которого геометрически точно равнялась бы площади полумесяца.

117. Задача Бенедиктова

Многие любители русской литературы не подозревают, что поэт В. Г. Бенедиктов является автором первого на русском языке сборника математических головоломок. Сборник этот не был издан; он остался в виде рукописи и был разыскан лишь в 1924 г. Я имел возможность ознакомиться с этой рукописью и даже установил на основании одной из головоломок год, когда она была составлена: 1869-й (на рукописи год не обозначен). Предлагаемая далее задача, обработанная поэтом в беллетристической форме, заимствована мною из этого сборника. Она озаглавлена «Хитрое разрешение мудрой задачи».

«Одна баба, торговавшая яйцами, имея у себя к продаже девять десятков яиц, отправила на рынок трех дочерей своих и, вверив старшей и самой смышленой из них

Рис. 135. «Условьтесь наперед насчет цены...»

десяток, поручила другой три десятка, а третьей полсотни. При этом она сказала им:

— Условьтесь наперед между собой насчет цены, по которой вы продавать будете, и от этого условия не отступайте; все вы крепко держитесь одной и той же цены; но я надеюсь, что старшая дочь моя, по своей смышлености, даже и при общем между вами условии, по какой цене продавать, сумеет выручить столько за свой десяток, сколько вторая выручит за три десятка, да научит и вторую сестру выручить за ее три десятка столько же, сколько младшая за полсотни. Пусть выручки всех троих да цены будут одинаковы. Притом я желала бы, чтобы вы продали все яйца так, чтобы пришлось круглым счетом не меньше 10 коп. за десяток, а все 9 десятков — не меньше 90 коп., или 30 алтын»[1].

---

[1] Слово это происходит от татарского «алтын» — золото. Алтын — старая русская монета в 6 денег, или 3 копейки. — *Прим. ред.*

На этом я прерываю пока рассказ Бенедиктова, чтобы предоставить читателям самостоятельно догадаться, как выполнили девушки данное им поручение.

РЕШЕНИЯ ГОЛОВОЛОМОК 88–117

88. Можно выполнить требуемую работу, раскрыв только три звена. Для этого надо освободить звенья одного обрывка и соединить ими концы остальных четырех обрывков.

89. Чтобы решить эту задачу, нужно прежде всего припомнить из естественной истории, сколько ног у жуков и сколько у пауков: у жука 6 ног, у паука — 8.
Зная это, предположим, что в коробке были одни только жуки, числом 8 штук. Тогда всех ног было бы 6 × 8 = = 48, на 6 меньше, чем указано в задаче. Заменим теперь одного жука пауком. От этого число ног увеличится на 2, потому что у паука не 6 ног, а 8.
Ясно, что если мы сделаем три таких замены, мы доведем общее число ног в коробке до требуемых 54. Но тогда из 8 жуков останется только 5, остальные будут пауки.
Итак, в коробке было 5 жуков и 3 паука.
Проверим: у 5 жуков 30 ног, у 3 пауков 24 ноги, а всего 30 + 24 = 54, как и требует условие задачи.
Можно решить задачу и иначе. А именно: можно предположить, что в коробке были только пауки, 8 штук. Тогда всех ног оказалось бы 8 × 8 = 64, — на 10 больше, чем указано в условии. Заменив одного паука жуком, мы уменьшим число ног на 2. Нужно сделать 5 таких

замен, чтобы свести число ног к требуемым 54. Иначе говоря, из 8 пауков надо оставить только 3, а остальных заменить жуками.

90. Если бы вместо плаща, шляпы и галош куплено было только две пары галош, то пришлось бы заплатить не 140 руб., а на столько меньше, на сколько галоши дешевле плаща со шляпой, т. е. — на 120 руб. Мы узнаем, следовательно, что две пары галош стоят 140 – 120 = 20 руб., отсюда стоимость одной пары — 10 руб.
Теперь стало известно, что плащ и шляпа вместе стоят 140 – 10 = 130 руб., причем плащ дороже шляпы на 90 руб. Рассуждаем, как прежде: вместо плаща со шляпой купим две шляпы. Мы заплатим не 130 руб., а меньше на 90 руб. Значит, две шляпы стоят 130 – 90 = 40 руб., откуда стоимость одной шляпы — 20 руб.
Итак, вот стоимость вещей: галоши — 10 руб., шляпа — 20 руб., плащ — 110 руб.

91. Продавец имел в виду корзину с 29 яйцами. Куриные яйца были в корзинах с обозначениями 23, 12 и 5; утиные — в корзинах с числами 14 и 6.
Проверим. Всего куриных яиц оставалось:

$$23 + 12 + 5 = 40.$$

Утиных

$$14 + 6 = 20.$$

Куриных — вдвое больше, чем утиных, как и требует условие задачи.

92. В этой задаче нечего объяснять: самолет совершает перелет в обоих направлениях в одинаковое время, потому что 80 мин = 1 ч 20 мин.

Задача рассчитана на невнимательного читателя, который может подумать, что между 1 ч 20 мин и 80 мин есть разница. Как ни странно, но людей, попадающихся на этот крючок, оказывается немало, притом среди привыкших делать расчеты их больше, чем среди малоопытных вычислителей.

Причина кроется в привычке к десятичной системе мер и денежных единиц. Видя обозначение «1 ч 20 мин» и рядом с ним — «80 мин», мы невольно оцениваем различие между ними как разницу между 1 руб. 20 коп. и 80 коп. На эту психологическую ошибку и рассчитана задача.

93. Разгадка недоумения в том, что один из отцов приходился другому сыном. Всех было не четверо, а трое: дед, сын и внук. Дед дал сыну 150 руб., а тот передал из них 100 руб. внуку (т. е. своему сыну), увеличив собственные капиталы, следовательно, всего на 50 руб.

94. Первую шашку можно поместить на любое из 64 полей доски, т. е. 64 способами. После того как первая поставлена, вторую шашку можно поместить на какое-либо из прочих 63 полей. Значит, к каждому из 64 положений первой шашки можно присоединить 63 положения второй шашки. Отсюда общее число различных положений двух шашек на доске

$$64 \times 63 = 4032.$$

95. Наименьшее целое число, какое можно написать двумя цифрами, не 10, как думают, вероятно, иные читатели, а единица, выраженная таким образом:

$$\frac{1}{1}, \frac{2}{2}, \frac{3}{3}, \frac{4}{4}, \text{и т. д. до } \frac{9}{9}.$$

Знакомые с алгеброй прибавят к этим выражениям еще ряд других обозначений:

$$1^0, 2^0, 3^0, 4^0 \text{ и т. д. до } 9^0,$$

потому что всякое число в нулевой степени равно единице.[1]

96. Надо представить единицу как сумму двух дробей:

$$\frac{148}{296} + \frac{35}{70} = 1.$$

Знающие алгебру могут дать еще и другие ответы:

$$123456789^0;\ 234567^{9-8-1} \text{ и т. п.,}$$

так как число в нулевой степени равно единице.

97. Два способа таковы:

$$9\frac{99}{99} = 10,$$

$$\frac{99}{9} - \frac{9}{9} = 10.$$

Кто знает алгебру, тот может прибавить еще несколько решений, например:

$$\left(9\frac{9}{9}\right)^{\frac{9}{9}} = 10,$$

$$9 + 99^{9-9} = 10$$

98. Вот 4 решения:

$$70 + 24\frac{9}{18} + \frac{53}{6} = 100,$$

[1] Но неправильны были бы решения $^0/_0$ или 0^0: эти выражения необязательно равны единице.

$$80\frac{27}{54} + 19\frac{3}{6} = 100,$$

$$87 + 9\frac{4}{5} + 3\frac{12}{60} = 100,$$

$$50\frac{1}{2} + 49\frac{38}{76} = 100.$$

99. Число 100 можно выразить пятью одинаковыми цифрами, употребив в дело единицы, тройки и — всего проще — пятерки:

$$111 - 11 = 100,$$
$$33 \times 3 + \frac{3}{3} = 100,$$
$$5 \times 5 \times 3 - 5 \times 5 = 100,$$
$$(5 + 5 + 5 + 5) \times 5 = 100.$$

100. На вопрос задачи часто отвечают: 1111. Однако можно написать число во много раз большее — именно 11 в одиннадцатой степени: 11^{11}.
Если у вас есть терпение довести вычисление до конца (с помощью логарифмов можно выполнять такие расчеты гораздо скорее), вы убедитесь, что число это больше 280 миллиардов. Следовательно, оно превышает число 1111 в 250 миллионов раз.

101. Заданный пример деления может соответствовать четырем различным случаям, а именно:

$$1\,337\,174 : 943 = 1418,$$
$$1\,343\,784 : 949 = 1416,$$
$$1\,200\,474 : 846 = 1419,$$
$$1\,202\,464 : 848 = 1418.$$

102. Этот пример отвечает только одному[1] случаю деления:

$$7\,375\,428\,413 : 125\,473 = 58\,781.$$

Обе последние, весьма нелегкие задачи были впервые опубликованы в американских изданиях: «Математическая газета», 1920 г. и «Школьный мир», 1906 г.

103. В квадратном метре тысяча тысяч квадратных миллиметров. Каждая тысяча приложенных друг к другу миллиметровых квадратиков составляет 1 м; тысяча тысяч их составляет 1000 м, т. е. 1 км: полоска вытянется на целый километр.

104. Ответ поражает неожиданностью: столб возвышался бы на... 1000 км.

Сделаем устный расчет.

В кубометре содержится кубических миллиметров тысяча × тысячу × тысячу. Каждая тысяча миллиметровых кубиков, поставленных один на другой, дадут столб в 1000 м = 1 км. А так как у нас кубиков еще в тысячу раз больше, то и составится 1000 км.

105. Из **рис. 136** видно, что (вследствие равенства углов 1 и 2) линейные размеры предмета так относятся к соответствующим размерам изображения, как расстояние предмета от объекта относится к глубине камеры. В нашем случае, обозначив высоту аэроплана над землей в метрах через x, имеем пропорцию:

$$12000 : 8 = x : 0{,}12,$$

откуда $x = 180$ м.

---

[1] Позже обнаружены еще три решения.

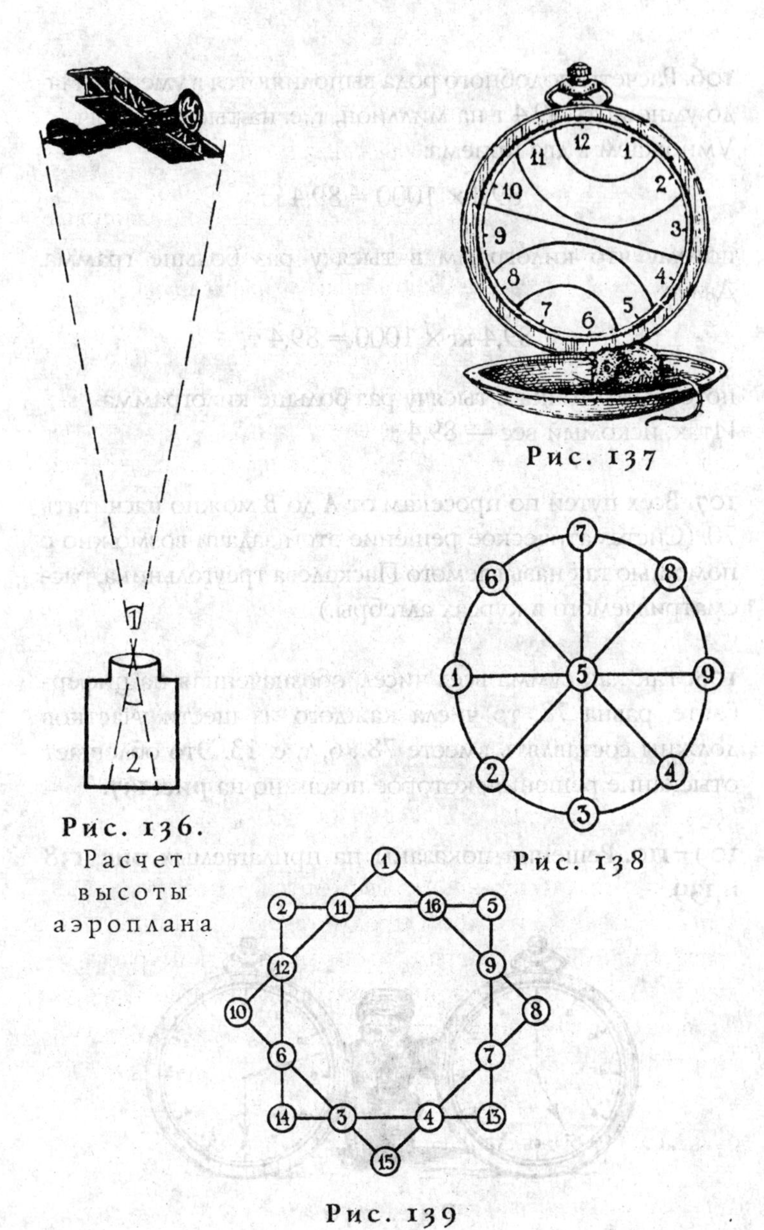

Рис. 137

Рис. 136. Расчет высоты аэроплана

Рис. 138

Рис. 139

106. Расчеты подобного рода выполняются в уме так. Надо умножить 89,4 г на миллион, т. е. на тысячу тысяч. Умножаем в два приема:

$$89{,}4 \times 1000 = 89{,}4 \text{ кг},$$

потому что килограмм в тысячу раз больше грамма. Далее:

$$89{,}4 \text{ кг} \times 1000 = 89{,}4 \text{ т},$$

потому что тонна в тысячу раз больше килограмма. Итак, искомый вес — 89,4 т.

107. Всех путей по просекам от *A* до *B* можно насчитать 70. (Систематическое решение этой задачи возможно с помощью так называемого Паскалева треугольника, рассматриваемого в курсах алгебры.)

108. Так как сумма всех чисел, обозначенная на циферблате, равна 78, то числа каждого из шести участков должны составлять вместе 78 : 6, т. е. 13. Это облегчает отыскание решения, которое показано на **рис. 137**.

109–110. Решения показаны на прилагаемых **рис. 138** и **139**.

Рис. 140

111. Трехногий стол всегда может касаться пола концами своих трех ножек, потому что через каждые три точки пространства может проходить плоскость, и притом только одна. В этом причина того, что трехногий стол не качается; как видите, она чисто геометрическая, а не физическая. Вот почему так удобно пользоваться треногами для землемерных инструментов и фотографических аппаратов. Четвертая нога не сделала бы подставку устойчивее; напротив, пришлось бы тогда всякий раз заботиться о том, чтобы подставка не качалась.

112. На вопрос задачи легко ответить, если сообразить, какое время показывают стрелки. Стрелки на левых часах (**рис. 140**) показывают, очевидно, 7 час. Значит, между концами этих стрелок заключена дуга в $^5/_{12}$ полной окружности.
В градусной мере это составляет

$$360^\circ \times \frac{5}{12} = 150^\circ.$$

Стрелки на правых часах показывают, как нетрудно сообразить, 9 ч 30 мин. Дуга между их концами содержит $3^1/_2$ двенадцатых доли полной окружности, или $^7/_{24}$.
В градусной мере это составляет

$$360^\circ \times \frac{7}{24} = 105^\circ.$$

113. Принимая рост человека в 175 см и обозначив радиус Земли через R, имеем:

$$2 \times 3{,}14 \times (R + 175) - 2 \times 3{,}14 \times R = \\ = 2 \times 3{,}14 \times 175 = 1099 \text{ см},$$

т. е. около 11 м.

Рис. 141

Поразительно здесь то, что результат совершенно не зависит от радиуса шара и, следовательно, одинаков на исполинском Солнце и маленьком шарике.

114. Требование задачи легко удовлетворить, если расставить людей в форме шестиугольника, как показано на **рис. 141**.

115. На **рис. 142** указаны следы сабельных ударов, а на **рис. 143** видно, как надо расположить образовавшиеся 4 куска, чтобы составить второй, более характерный символ фашистской диктатуры: квадрат концентрационного лагеря.

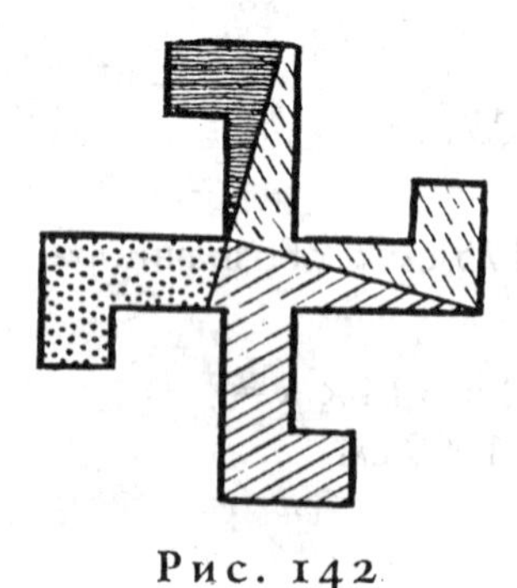

Рис. 142

Рис. 143

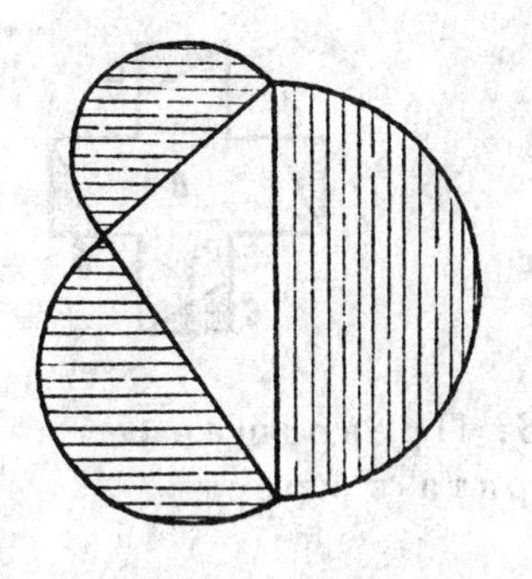

Рис. 144

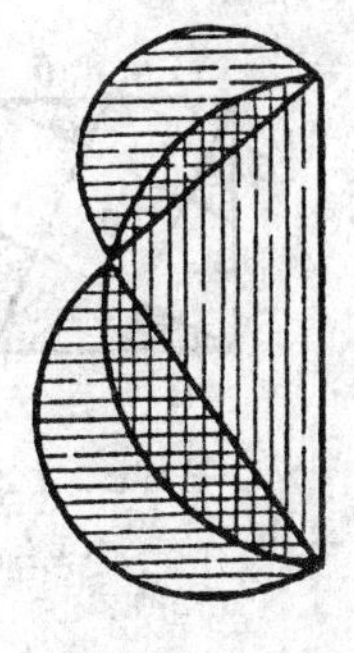

Рис. 145

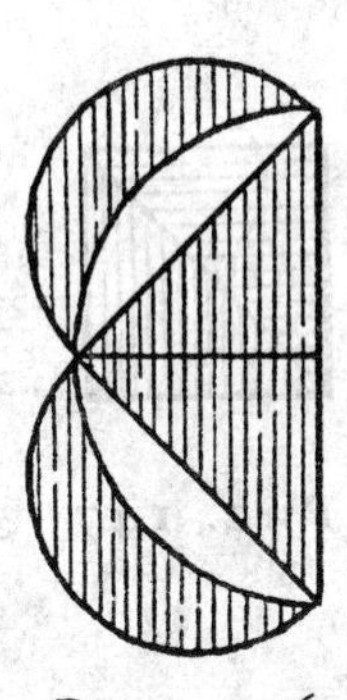

Рис. 146

116. Читатели, слыхавшие о неразрешимости задачи квадратуры круга, сочтут, вероятно, и предлагаемую задачу неразрешимой строго геометрически. Раз нельзя превратить в равновеликий квадрат полный круг, то, думают многие, нельзя превратить в прямоугольную фигуру и луночку, составленную двумя дугами окружности.

Между тем задача, безусловно, может быть решена геометрическим построением, если воспользоваться одним любопытным следствием общеизвестной Пифагоровой теоремы.

Следствие, которое я имею в виду, гласит, что сумма площадей полукругов, построенных на катетах, равна полукругу, построенному на гипотенузе (**рис. 144**).

Перекинув большой полукруг на другую сторону (**рис. 145**), видим, что обе заштрихованные луночки вместе равновелики треугольнику.[1]

Если треугольник взять равнобедренный, то каждая луночка в отдельности будет равновелика половине этого треугольника (**рис. 146**).

---

[1] Положение это известно в геометрии под названием «теоремы о Гиппократовых луночках».

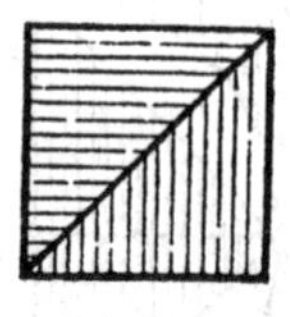

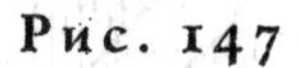

Рис. 147

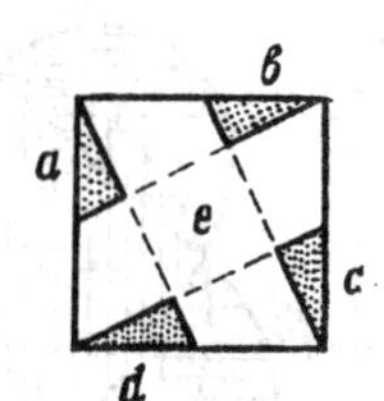

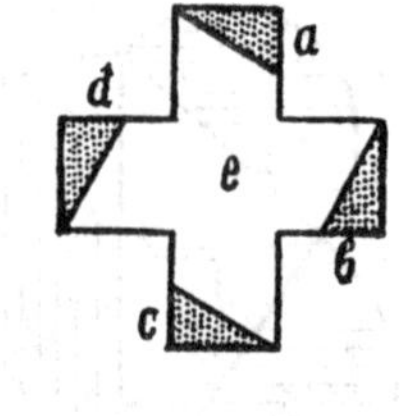

Рис. 148. Превращение квадрата в крест

Отсюда следует, что можно геометрически точно построить равнобедренный прямоугольный треугольник, площадь которого равна площади серпа. А так как равнобедренный прямоугольный треугольник легко превращается в равновеликий квадрат (**рис. 147**), то и серп наш возможно чисто геометрическим построением заменить равновеликим квадратом.

Остается только превратить этот квадрат в равновеликую фигуру Красного Креста (составленную, как известно, из 5 примкнутых друг к другу равных квадратов). Существует несколько способов выполнения такого построения; два из них показаны на **рис. 148** и **149**.

Оба построения начинают с того, что соединяют вершины квадрата с серединами противоположных сторон.

Важное замечание: превратить в равновеликий крест можно только такую фигуру серпа, которая составлена из двух дуг окружностей: наружного полукруга и внутренней четверти окружности соответственно большего радиуса.[1]

[1] Тот лунный серп, который мы видим на небе, имеет несколько иную форму: его наружная дуга — полуокружность, внутренняя же — полуэллипс. Художники часто изображают лунный серп неверно, составляя его из дуг окружностей.

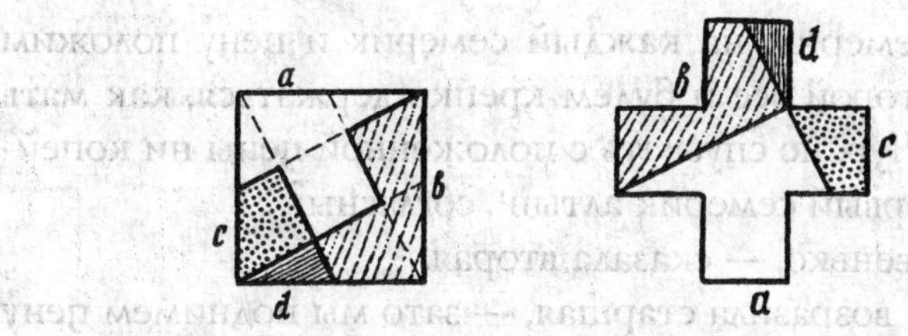

Рис. 149. Другой способ превращения квадрата в крест

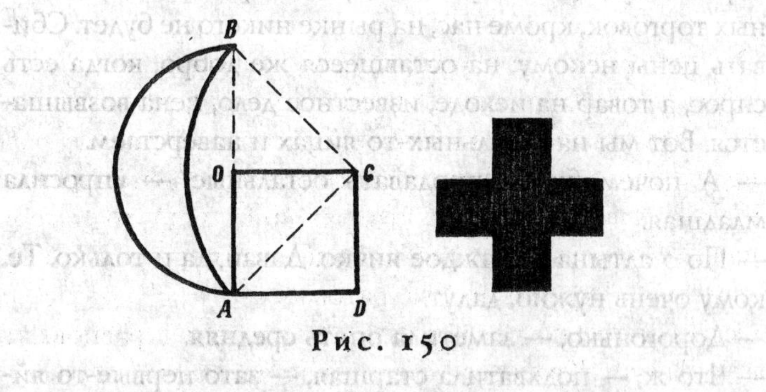

Рис. 150

Итак, вот ход построения креста, равновеликого серпу. Концы *A* и *B* серпа (**рис. 150**) соединяют прямой: в середине *O* этой прямой восставляют перпендикуляр и откладывают *OC*=*OA*. Равнобедренный треугольник ОАС дополняют до квадрата *ОАДС*, который превращают в крест одним из способов, указанных на **рис. 148** и **149**.

117. Приводим окончание прерванного рассказа Бенедиктова:

«Задача была мудреная. Дочери, идучи на рынок, стали между собой совещаться, причем вторая и третья обращались к уму и совету старшей. Та, обдумав дело, сказала:

— Будем, сестры, продавать наши яйца не десятками, как это делалось у нас до сих пор, а семерками: семь яиц — семерик; на каждый семерик и цену положим одну, которой все и будем крепко держаться, как мать сказала. Чур, не спускать с положенной цены ни копейки! За первый семерик алтын[1], согласны?

— Дешевенько, — сказала вторая.

— Ну, — возразила старшая, — зато мы поднимем цену на те яйца, которые за продажею круглых семериков в корзинах у нас останутся. Я заранее проверила, что яичных торговок, кроме нас, на рынке никого не будет. Сбивать цены некому; на оставшееся же добро, когда есть спрос, а товар на исходе, известное дело, цена возвышается. Вот мы на остальных-то яйцах и наверстаем.

— А почем будем продавать остальные? — спросила младшая.

— По 3 алтына за каждое яичко. Давай, да и только. Те, кому очень нужно, дадут.

— Дорогонько, — заметила опять средняя.

— Что ж, — подхватила старшая, — зато первые-то яйца по семерикам пойдут дешево. Одно на другое и наведет.

Согласились.

Пришли на рынок. Каждая из сестер села на своем месте отдельно и продает. Обрадовавшись дешевизне, покупщики и покупщицы бросились к младшей, у которой было полсотни яиц, и все их расхватали. Семерым она продавала по семерику и выручила 7 алтын, а одно яйцо осталось у ней в корзине. Вторая, имевшая три десятка, продала 4 покупательницам по семерику, и в корзине у ней осталось два яйца: выручила она 4 алтына. У старшей купили семерик, за который она получила один алтын; 3 яйца остались.

Вдруг явилась кухарка, посланная барыней на рынок с тем, чтобы купить непременно десяток яиц во что бы то ни стало. На короткое время к барыне в гости приехали сыновья ее, которые очень любят яичницу. Кухарка туда-сюда по рынку мечется, яйца распроданы; всего у трех торговок, пришедших на рынок, осталось только 6 яиц: у одной — одно яйцо, у другой — 2, у третьей — 3. Давайте сюда!

Разумеется, кухарка прежде всего кинулась к той, у которой осталось 3, а это была старшая дочь, продавшая за алтын свой единственный семерик. Кухарка спрашивает:

— Что хочешь за свои 3 яйца?

А та в ответ:

— По 3 алтына за яичко.

— Что ты? С ума сошла! — говорит кухарка.

А та:

— Как угодно, — говорит, — дешевле не отдам. Это последние.

Кухарка бросилась к той, у которой 2 яйца в корзине:

— Почем?

— По 3 алтына. Такая цена установлена. Все вышли.

— А твое яичишко сколько стоит? — спрашивает кухарка у младшей.

Та отвечает:

— 3 алтына.

Нечего делать. Пришлось купить по неслыханной цене.

— Давайте сюда все остальные яйца.

И кухарка дала старшей за ее 3 яйца — 9 алтын, что составляло с имевшимся у нее алтыном — 10; второй заплатила за ее пару яиц 6 алтын; с вырученными за 4 семерика 4 алтынами это составило также 10 алтын. Младшая получила от кухарки за свое остальное яичко — 3 алтына и, приложив их к 7 алтынам, вырученным за проданные прежде 7 семериков, увидела у себя в выручке тоже 10 алтын.

После этого дочери возвратились домой и, отдав своей матери каждая по 10 алтын, рассказали, как они продавали и как, соблюдая относительно цены одно общее условие, достигли того, что выручки как за один десяток, так и за три десятка, и за полсотни оказались одинаковыми.

Мать была очень довольна точным выполнением данного ею дочерям своим поручения и находчивостью своей старшей дочери, по совету которой оно выполнилось, а еще больше осталась довольна тем, что и общая выручка дочерей — 30 алтын или 90 копеек — соответствовала ее желанию».

Читателя заинтересует, быть может, что представляет собою та неопубликованная рукопись В. В. Бенедиктова, из которой заимствована сейчас приведенная задача. Труд Бенедиктова не имеет заглавия, но о характере его и о назначении подробно говорится во вступлении к сборнику.

«Арифметический расчет может быть прилагаем к разным увеселительным занятиям, играм, шуткам и т. п. Многие так называемые фокусы (подчеркнуто в рукописи) основываются на числовых соображениях, между прочим и производимые при посредстве обыкновенных игральных карт, где принимается в расчет или число самих карт, или число очков, представляемых теми или другими картами, или и то, и другое вместе. Некоторые задачи, в решение которых должны входить самые громадные числа, представляют факты любопытные и дают понятие об этих, превосходящих всякое воображение, числах. Мы вводим их в эту дополнительную часть арифметики. Некоторые вопросы для разрешения их требуют особой изворотливости ума и могут быть решаемы, хотя с первого взгляда кажутся совершенно нелепыми и противоречащими здравому смыслу, как, например, приведенная здесь между прочим задача под заглавием: «Хитрая продажа яиц». Прикладная практическая часть арифметики требует иногда не только знания теоретических правил, излагаемых в чистой арифметике, но и находчивости, приобретаемой через умственное развитие при знакомстве с различными сторонами не только дел, но и безделиц, которым поэтому дать здесь место мы сочли не излишним».

В эпоху составления сборника Бенедиктова (1869 г.) на русском языке не издано было еще ни одного сочинения подобного содержания, не только оригинального, но даже и переводного. Да и на Западе имелось только два старинных французских сочинения — Баше-де-Мезирьяка (1612 г.) и 4-томный труд Озанама (1694 г. и ряд позднейших переизданий). По планировке и отчасти по содержанию труд Бенедиктова приближается к книге Баше.

Сочинение разбито на 20 коротких ненумерованных глав, имеющих каждая особый заголовок, в стиле труда Боше-де-Мезирьяка «Занимательные и приятные задачи». Первые главы носят следующие заголовки: «Так называемые магические квадраты», «Угадывание задуманного числа от 1 до 30», «Угадывание втайне распределенных сумм», «Задуманная втайне цифра, сама по себе обнаруживающаяся», «Узнавание вычеркнутой цифры» и т. п.

Затем следует ряд карточных фокусов арифметического характера. После них — любопытная глава «Чародействующий полководец и арифметическая армия», умножение с помощью пальцев, представленное в форме анекдота; далее — перепечатанная мною выше задача с продажей яиц. Предпоследняя глава «Недостаток в пшеничных зернах для 64 клеток шахматной доски» рассказывает известную уже нашим читателям старинную легенду об изобретателе шахматной игры[1].

Наконец, 20 глава: «Громадное число живших на земном шаре обитателей» заключает любопытную попытку подсчитать общую численность земного населения (подробный разбор подсчета Бенедиктова сделан мною в книге «Занимательная алгебра»).

[1] Обработка легенды в той беллетристической форме, в какой она дана в главе 7, принадлежит мне.

СТАРЫЕ И НОВЫЕ ОБОЗНАЧЕНИЯ, ВСТРЕЧАЮЩИЕСЯ В КНИГЕ Я. И. ПЕРЕЛЬМАНА

1 четверть (или две осьмины) сыпучих тел составляет 209,91 л.

1 четверть жидкости равна $^1/_4$ ведра = 3,08 л (1 л равен 1 куб. дм = 0,001 куб. м).

Локоть у древних народов Западной Азии был единицей, равной примерно 45 см или 0,45 м.

Алтын — старинная монета достоинством в 3 московских деньги, или копейки. Отсюда старинное название 15-копеечной монеты — пятиалтынный.

1 миллион	составляет	тысяча тысяч
1 миллиард	»	тысяча миллионов
1 триллион	»	миллион миллионов
1 квадриллион	»	миллион миллиардов
1 квинтиллион	»	миллион триллионов
1 секстиллион	»	миллион квадриллионов

ОГЛАВЛЕНИЕ